青少年航空航天模型教育实践活动系列教材

青少年航空体育
运动无人机

Air Sports for Teenagers with Drones

中国航空运动协会　编著
技术支持单位　北京中斗科技股份有限公司

人民体育出版社

图书在版编目（CIP）数据

运动无人机：青少年航空体育 / 中国航空运动协会编著. -- 北京：人民体育出版社，2023

青少年航空航天模型教育实践活动系列教材

ISBN 978-7-5009-6305-9

Ⅰ.①运… Ⅱ.①中… Ⅲ.①无人驾驶飞机—青少年教育—教材 Ⅳ.①V279

中国国家版本馆CIP数据核字（2023）第080171号

*

人民体育出版社出版发行
北京新华印刷有限公司印刷
新 华 书 店 经 销

*

710×1000　16开本　12印张　223千字
2023年7月第1版　　2023年7月第1次印刷
印数：1—3,000册

*

ISBN 978-7-5009-6305-9
定价：62.00元

社址：北京市东城区体育馆路8号（天坛公园东门）
电话：67151482（发行部）　　邮编：100061
传真：67151483　　　　　　　邮购：67118491
网址：www.psphpress.com

（购买本社图书，如遇有缺损页可与邮购部联系）

《青少年航空体育——运动无人机》

编委会

名誉主任： 贾 冰　　顾国平　　任洪国
主　　任： 封 清
副 主 任： 张 勇　　宋 鹏
委　　员： 俞卫江　　王超栋　　李 晔

编辑部

编写成员： 潘 轶　　邵绪祥　　赫建平　　张芮嘉　　齐 欣
　　　　　 赵可佳　　郭晓鹏　　郑晓磊　　陆 磊　　李 丹

技术支持单位：北京中斗科技股份有限公司

国际航空联合会原主席罗伯特·亨德森为本书所写的寄语

The future of aviation belongs to young people. Drone sports create a wonderful opportunity to introduce young persons to aviation and air sports.

Drones are fun, can be flown anywhere and educate young persons in flying skills that will benefit them for the future.

Air sports help to develop team skills, self discipline and create a strong social environment. The value of air sports is more than just providing fun, air sports develop young persons into strong and valuable citizens.

President, FAI

国际航空联合会原主席：罗伯特·亨德森（Robert Henderson）

译文：航空的未来是属于年轻人的。无人机运动创造了一个完美的契机，它可以向年轻人更好地展示航空和航空运动。

运动无人机是有趣的，它可以飞到任何角落，并教会年轻人飞行的技巧，这些也会让他们在未来终生受益。

航空运动在帮助人们提高团队合作能力、自我约束能力的同时，也创造出一个良好的社交环境。航空运动的价值不仅仅是提供娱乐，它更能强健人的体魄，与此同时，也可以让我们成为一个更有价值的人！

——罗伯特·亨德森（Robert Henderson）

FAI（国际航空联合会）

国际航空联合会成立于 1905 年，是一个非政府和非营利的国际组织，是国际奥林匹克委员会（IOC）认可的世界航空体育机构。机构分为体育和技术两大部分，主要承担航空体育事业的宣传和教育工作。目前已有超过 100 个国家或地区加入该组织，全世界热爱航空运动的人都能参与其中。

亚洲航空联合会主席邹伟杰的贺词

Drone sport is our future.

Primarily it's ranked one of the important disciplines among all kinds of aviation sports.

Gratefully ASFC, China has successfully achieved few good records in the year 2018.
- 1st FAI World Drone Racing Championship
- The highest attendance of athletes attending a World Drone Racing Competition
- Globally recognized a world class standard for the competition

Blue skies always!

Andy CHAU
AFA Executive Director

译文：无人机运动是我们的未来。

它是各类航空运动的重要学科之一。

感谢中国航空运动协会！2018 年，中国在无人机竞技领域取得了很大的成绩。
- 成功举办了第一届 FAI 世界无人机锦标赛
- 参加世界无人机竞赛的运动员人数达到新高
- 成为全球公认的世界级比赛标准

蓝天永恒！

—— 邹伟杰（Andy CHAU）

AFA（亚洲航空联合会）

亚洲航空联合会是亚洲地区推广普及航空运动和休闲的组织。主要目标是推动整个亚洲地区航空运动发展，实现繁荣、团结、平等和包容，无论年龄、性别、种族、宗教和阶级，都能使参与者感到自豪和获得尊严。其主要使命包括：
1. 为亚洲航空运动参与者提供国际性的标准化、有保障的和安全的运动环境。
2. 以体育运动为媒介，以航空运动为手段，为亚洲航空运动爱好者带来流行、认同、团结和和平。
3. 在亚洲举办的所有国际体育赛事中，作为与亚洲奥林匹克理事会（OCA）及海洋运动委员会的协调中心，与所有成员携手推广及普及航空运动的发展。
4. 创造属于自己的多样化的新型航空体育竞赛项目，并取得其版权，且不会与国际航联（FAI）的比赛项目重叠。
5. 提高航空运动水平，促进航空运动消费，推动航空运动发展，使之成为全亚洲所有航空运动爱好者参与的专业运动。

中国航空运动协会主席贾冰为本书所写的寄语

中国航空运动协会主席： 贾 冰

无人机运动是一项新兴的航空体育运动，也是最能体现体育竞技精神、科技创新精神的体育运动之一。无人机运动具备知识性、智体性、创造性等特点，对于加强青少年爱国主义和国防教育、培育青少年科技素养和创新精神、提升青少年综合素质具有积极的作用。近年来，无人机运动在中国受到越来越多航空体育爱好者，特别是青少年的欢迎。

《青少年航空体育——运动无人机》一书，系统阐述了无人机基础理论和飞行规范，具有较强的知识性、科普性和趣味性，对于无人机运动的普及和推广工作将发挥指导作用。希望本书能够成为青少年航空运动科普教材的典范。

中国航空运动协会作为无人机运动领域的领导者和管理者，将依托中国无人机产业上的优势，继续完善相关标准和政策规范，引领无人机运动的健康发展。

——贾冰

中国航空运动协会
AERO SPORTS FEDERATION OF CHINA

ASFC（中国航空运动协会）

中国航空运动协会（以下简称中国航协）成立于1964年8月，是具有独立法人资格的全国性体育组织。中国航协下设飞行、气球、悬挂滑翔、跳伞和航空模型五个项目委员会，开展轻型飞机、热气球、滑翔、跳伞、滑翔伞、动力伞、悬挂滑翔和航空模型等航空体育项目。1978年中国航协加入国际航空联合会，是代表中国参加国际航联及其活动的唯一合法的全国性组织。

中国航协的宗旨是：团结全国航空运动工作者及爱好者，促进航空运动的发展和技术水平的提高，为增强人民体质、提高青少年科技素质、丰富群众业余文化生活和加强国际间的友好合作服务。

序言

人类现在已经进入"ABC"时代，A 代表人工智能（Artificial Intelligence），B 代表大数据（Big Data），而 C 则代表云计算（Cloud Computing）。随着互联网、移动互联网和物联网技术的快速发展，人类获得了越来越多的可用数据，需要更强的数据存储和分析处理能力。大数据和云计算的结合为实现人工智能所需的深度学习提供了有效支撑。2017 年，国务院印发《新一代人工智能发展规划》，提出要在中小学阶段设置人工智能相关课程，推动人工智能领域一级学科建设，把高端人才队伍建设作为人工智能发展的重中之重，完善人工智能教育体系等内容。人工智能从娃娃抓起已经成为社会共识。

随着人工智能技术的快速发展，越来越多的机器人问世并投入使用，比如无人机、无人车、无人船、无人超市等，它们正逐步改变我们工作和生活的方方面面。2017 年 4 月，我应邀回母校西北工业大学参加研究生毕业典礼并作为校友代表致辞。在从机场到西北工业大学的路上，收到一个朋友用微信发来的机器人写诗软件，它是 IBM 中国研究院开发的，把中国的唐诗宋词等作为训练用的大数据，通过深度学习，机器人能够自动作诗。只要输入四个字，就可以自动生成以这四个字打头的七言或五言诗。我原讲话稿的最后一句话是"祝大家一切都好"，在输入"一切都好"后，机器人生成了以下诗句：

一铃催得本生春，

切上长安不此身。

都傍霸陵尘里客，

好看黄鸟与飞人。

大家看看，很人性化，我那天在西安，诗里就出现了"长安"和"霸陵"。所以我把此诗送给所有毕业生，希望他们毕业后不要懈怠，要终生学习，迎接机器人的挑战！

无人机从本质上来说就是遥控飞机，或者说是"披着飞机外衣"的机器人。近年来，中国民用无人机产业发展迅猛，从技术水平、产业规模和应用范围等多个角度看，均处于世界领先水平。近年来民用无人机，尤其是消费级无人机，迅速进入寻常百姓家。如同卫星导航定位系统北斗和 GPS 一样，现在无人机的应用几乎取决于人们的想象力。

作为中国航空运输协会（简称"中国航协"）通用航空分会负责人，2018 年 8 月下旬，我应会员单位中斗科技的邀请，出席在张家口举办的首届世界无人机锦标赛中国队选拔赛，共 100 多位选手参加比赛，最小的选手才 5 岁，也有来自延安希望小学的选手。这个活动的举办方是中国航空运动协会（也简称"中国航协"）。通过参加此项活动，我了解到除了中国民航局，国家体育总局在通用航空和无人机方面也非常活跃。我是首个发现中国有两个"中国航协"的人，但遗憾的是，这两个"中国航协"平时交流不多，"商标"被对方侵权也不知道。2018年11月初，我应中国航空运动协会邀请，出席在深圳举行的首届世界无人机锦标赛，再次亲身感受到航空体育运动的魅力，并在首日中国队3人进入16强后，用概率方法成功预测出中国队能够有人进入前三名（最后是少年组亚军）。

在2018年8月下旬我参加世界无人机锦标赛中国队选拔赛的过程中，中斗科技公司董事长张勇提出准备出版一本青少年无人机体育运动的教材，以此助推我国航空体育运动的发展。中斗科技很快组织专门的队伍，在广泛调研和借鉴国外同类先进教材的基础上，很快完成了样书，并邀请我写序言，我欣然接受了此邀请。

在阅读此书的过程中，我感觉其有以下几个特点：

1. 知识性和适用性强

全书涵盖无人机的基本原理、制作方法和飞行控制技巧，以及无人机锦标赛的竞赛规则、航空体育运动未来的发展方向等内容，既具有较强的知识性，又具有较强的适用性。

2. 科普性和趣味性强

全书采取科普的方式来展开，比如讲螺旋桨时会补充重力的基本知识。书中用了大量图片，并通过类比方式讲清楚基本原理，如将机架、螺旋桨、电机和飞控分别比喻成无人机的身体、翅膀、心脏和大脑。这种深入浅出的方式便于青少年较快理解有关科学知识和基本道理。

3. 培养青少年守法意识

无人机快速发展带来了不少安全问题。近年来无人机"黑飞"扰航事件频发，给民航安全带来了严重隐患。作为竞速无人机使用者，如果操作不当，危害更大。所以从小要培养孩子遵守空中交规的习惯，培养安全意识。本书在此方面也着墨不少。

总而言之，本书是一本难得的青少年无人机航空运动科普教材，对于提高青少年人工智能和航空知识素养、培养航空运动兴趣爱好大有裨益，有利于家长和孩子们共同参与、互动、学习和交流。希望两个"中国航协"携起手来，为我国培养一批航空爱好者，并共同促进我国通用航空和无人机产业的发展。

全国政协委员、中国民航大学副校长、民航特聘专家

吴仁彪

2018年11月

目 录 CONTENTS

第一章　了解无人机 ▼

一、什么是无人机　　　　　2
二、无人机的种类　　　　　4
三、打开无人机看一看　　　7

第二章　无人机中的科学 ▼

一、无人机的身体——机架　　　　14
二、无人机的翅膀——螺旋桨　　　20
三、无人机的心脏——电机　　　　29
四、无人机的大脑——飞行控制器　40
五、无人机的能量——电池　　　　44

第三章　对话无人机 ▼

一、无人机的"语言"　　58
二、与无人机沟通　　　　62
三、用无人机看世界　　　72

第四章　组装无人机 ▼

一、组装无人机　　　　84
二、配置无人机　　　　91

第五章　放飞无人机 ▼

一、让你的无人机起飞吧　　110
二、飞行训练　　　　　　　117
三、无人机竞技　　　　　　135

第六章　无人机考级 ▼

中国航空运动协会遥控航空
模型飞行员技术等级标准　　145

第七章　法律法规及安全 ▼

一、无人机相关法律法规　　　160
二、无人机飞行的注意事项　　166

第一章
了解无人机

一、什么是无人机

二、无人机的种类

三、打开无人机看一看

什么是无人机

同学们,你是否见过天空中飞行的无人机呢?

无人机不同于生活中常见的飞行器,它看起来很新奇,只要通过遥控器操控就能飞行。现在,大家可以经常看到天空中自由飞翔的无人机,它已经逐步融入了人们的生活。

无人机最早起源于军事领域。1935 年,英国发明了一种使用无线电控制的无人驾驶飞机,当作飞行靶机用于训练飞行员、炮兵和防空部队的射击能力,命名为"Queen Bee target drone"(蜂后无人机)。后来,人们将这种没有驾驶员的飞行器称为无人机(图 1-1)。

威廉·哈里森·斯坦德利
(1872—1963 年)

蜂后无人机

图 1-1

第一章　了解无人机

但是，只把有没有人驾驶当作无人机的判断标准未免过于简单，现在所指的无人机，也称为无人飞行器（Unmanned Aerial Vehicle，UAV），是一种配置了数据处理系统、传感器、自动控制系统和通信系统等必要机载设备的飞行器，能够进行一定的稳定控制和飞行，并且具备一定的自主飞行能力而无须人工干预。

无人机涉及的知识范围十分广泛，它对航空技术、通信技术、人工智能技术、传感器技术、图像处理技术都有很高的要求。

二、无人机的种类

根据《无人驾驶航空器飞行管理暂行条例》（草案）规定，无人机分为两级三类五型。其中民用无人机按照运行风险大小，分为微型、轻型、小型、中型、大型。

微型无人机，是指空机重量小于 0.25 千克，设计性能同时满足飞行真高不超过 50 米、最大飞行速度不超过 40 千米 / 小时、无线电发射设备符合微功率短距离无线电发射设备技术要求的遥控驾驶航空器。

轻型无人机，是指同时满足空机重量不超过 4 千克，最大起飞重量不超过 7 千克、最大飞行速度不超过 100 千米 / 小时，具备符合空域管理要求的空域保持能力和可靠被监视能力的遥控驾驶航空器。

小型无人机，是指空机重量不超过 15 千克或者最大起飞重量不超过 25 千克的无人机，但不包括微型、轻型无人机。

中型无人机，是指最大起飞重量超过 25 千克、不超过 150 千克，且空机重量超过 15 千克的无人机。

大型无人机，是指最大起飞重量超过 150 千克的无人机。

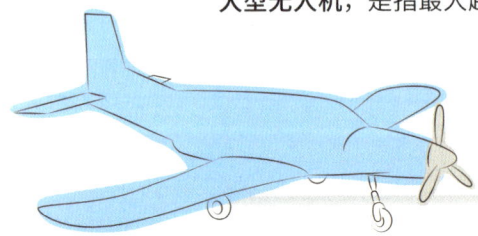

此外，按照飞行平台的不同，无人机也可以分为六大类，分别是无人飞艇、固定翼无人机、扑翼式微型无人机、伞翼无人机、无人直升机、旋翼式无人机。本书中讲到的无人机，以多旋翼无人机为主，因为它的操作相对简单，组装和更换部件比较容易，动手的趣味性更多。

多旋翼无人机最醒目的地方在于它的螺旋桨。螺旋桨数量不同，无人机名称也不相同。一个螺旋桨的飞行器称为直升机，两个螺旋桨的飞行器我们叫作双旋翼，三个螺旋桨的无人机称为三旋翼，拥有四个螺旋桨我们就叫它四旋翼，以此类推，有几个螺旋桨就称为几旋翼无人机（图1-2）。

两个螺旋桨——双旋翼无人机

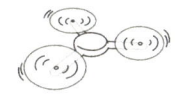
三个螺旋桨——三旋翼无人机

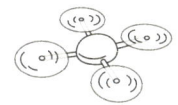
四个螺旋桨——四旋翼无人机

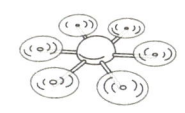
六个螺旋桨——六旋翼无人机

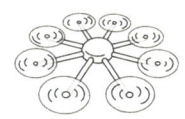
八个螺旋桨——八旋翼无人机

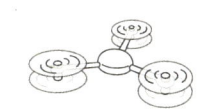
Y字六个螺旋桨——Y6无人机

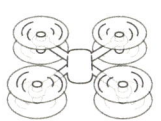
X字八个螺旋桨——X8无人机

图1-2

那么，多旋翼无人机都有哪些优点呢？

一是飞得高。螺旋桨可以帮助无人机摆脱地心引力，即重力，它将空气向下推来获得向上的升力，因此，螺旋桨越多就可以将更多的空气吹向地面，让无人机更容易飞上天空。

二是安全性高。如果四旋翼的无人机有一个螺旋桨产生故障会发生什么情况呢？因为四个升力中消失了一个，剩下三个，无人机无法保持平衡，所以只能坠机。

对于有八个螺旋桨的八旋翼无人机 (Octocoper) 会怎么样呢？八旋翼当中即便有两个螺旋桨损坏，剩余六个螺旋桨仍可以使用，虽然控制不太顺畅，但也不至于马上坠落（图 1-3）。

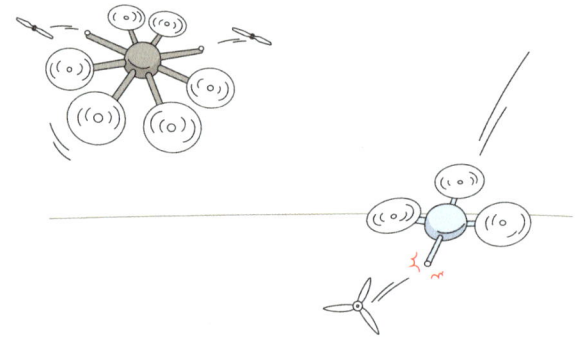

图 1-3

那螺旋桨是不是越多越好呢？其实也并非如此，首先，螺旋桨越多会导致无人机体积变得更大；其次，电机是与螺旋桨一一对应的，螺旋桨增加了，电机数量也要相应增加，无人机重量就越大；再次，电机所需要的电力也相应增加，需要携带更大容量的电池，最后使无人机越发笨重，速度变慢。

想要制作一架无人机，需要很多零件来进行组装。下面，我们来看一看是什么零件一起构成了无人机吧！

第一章　了解无人机

打开无人机看一看

如果你想了解无人机的组成，那么最快的学习方法便是打开外壳去直接观察（图1-4）。不过打开的时候一定要小心，如果拆开一架完好的机器，有可能无法还原！

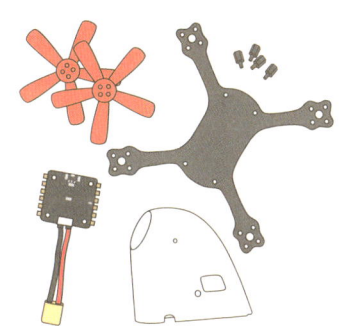

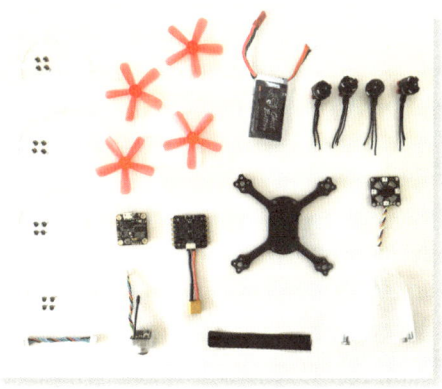

图 1-4

小贴士

如果你实在担心安装不上，可以只用螺丝刀打开无人机的外壳，观察它内部的结构，这也是一个非常好玩的学习过程。

 在使用螺丝刀的时候要注意安全，小朋友最好在爸爸妈妈的陪同下进行操作！

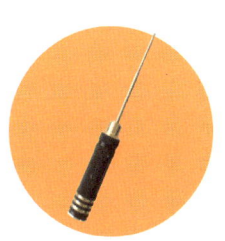

现在，来拆开无人机看一看吧！

我们先来认识一下每个部件的名称及其作用（图1-5）。

① 机架（Frame）
作为无人机的身体，在飞行过程中保护无人机的内部部件。

② 螺旋桨（Propeller）
将旋转的力量转换为上升的力量。

③ 电机（Direct Current Motor）
将电力转换为动力（旋转的力量——升力）。

④ 飞行控制器（FC, Flight Controller）
分析遥控命令，指示电机应如何旋转。

⑤ 电池（Battery）
储电，为无人机提供能量。

⑥ FPV（First Person View）装置
拍摄无人机前方影像传输给遥控者。

图 1-5

有刷电机和无刷电机

我们在生活中常见的无人机所使用的电机通常分为有刷电机和无刷电机两类。有刷电机虽然也能快速旋转，但无法产生强大动力且寿命不长。目前，拍摄无人机、研究用无人机和竞赛用无人机对于动力和寿命的要求很高，所以不采用有刷电机，而是使用无刷电机。

无刷电机拥有非常强劲的动力且寿命很长，但很难控制旋转速度，因此需要追加可以调节无刷电机速度的电子调速器。

无人机安装不同的设备，其用途也会有所不同。比如说安装摄像机的是摄影无人机，可以运送快递箱的是快递无人机，不同设备的添加可以让无人机应用于不同的生活领域（图1-6）。

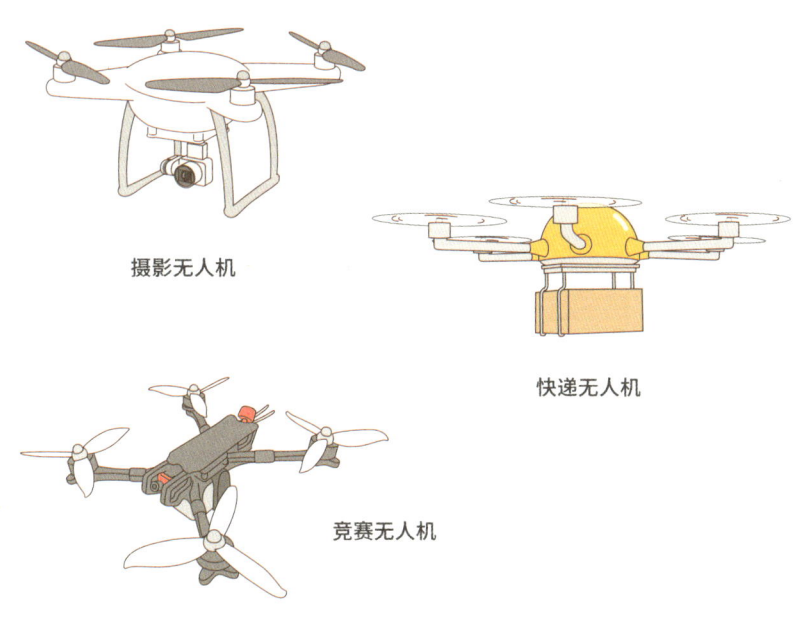

图 1-6

总结与思考

本章简单讲解了无人机的历史、无人机的定义、无人机的种类、无人机的功能和应用，以及无人机的内部结构。

无人机的定义

现在通常意义上的无人机，也称为无人机飞行器（Unmanned Aerial Vehicle, UAV），是一种配置了数据处理系统、传感器、自动控制系统和通信系统等必要机载设备的飞行器，能够进行一定的稳定控制和飞行，并且具备一定的自主飞行能力而无须人工干预。

无人机的种类及用途

首先按照运行风险大小把无人机分为微型、轻型、小型、中型、大型。

其次按照飞行平台的不同，无人机也可以分为六大类，分别是无人飞艇、固定翼无人机、扑翼式微型无人机、伞翼无人机、无人直升机、旋翼式无人机。

无人机可应用于众多领域，它能够帮助人类完成一些重复性高、高危性大、耗资巨大等类型的工作。

无人机内部的结构

无人机的各个部件：机架、螺旋桨、电机、飞行控制器、电池、FPV装置。

第二章
无人机中的科学

一、无人机的身体——机架

二、无人机的翅膀——螺旋桨

三、无人机的心脏——电机

四、无人机的大脑——飞行控制器

五、无人机的能量——电池

一、

无人机的身体——机架

　　人体由骨骼来支撑，对于无人机来说，机架就是无人机的骨骼，好的机架能够使无人机在飞行中遭遇到较强撞击而不至于损坏，所以在机架的选择上主要看材质。

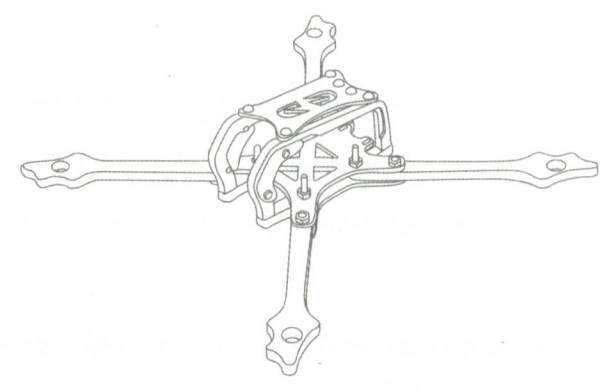

（一）制作机架的材料

无人机在飞行过程中可能会因一些意外情况坠机，比如说操作不当、飞行速度过快而来不及躲闪撞到障碍物、无人机本身质量不佳等。因此制作无人机机架（图2-1）的材质必须十分坚固，才能抵御外部较强的撞击而不至于毁坏。

图 2-1

说到坚硬，那么钢铁这种材质怎么样呢？

钢铁虽然很坚硬，但是使用钢铁机架的无人机会很重，需要动力更强的电机与大型螺旋桨来支撑，所以，使用钢铁制作机架并不是一个好的办法。

目前，使用轻便材料制作机架的多旋翼无人机最为常见。那么，我们如何得知材料的轻重呢？用秤量是一个好的方法吗？

现在我们来讲一个比较材料重量的方法——比重（Specific Gravity）。

比较重量最好的工具是天平，在天平的两侧放入不同的材料，哪一边下沉就说明哪一种材料更重。用棉花和铁来举例，哪一种材料更重呢？通常情况下我们认为棉花更轻，铁更重，但我们设想棉花像房子一样大，而铁像勺子一般大小，结果又会如何呢(图2-2)？

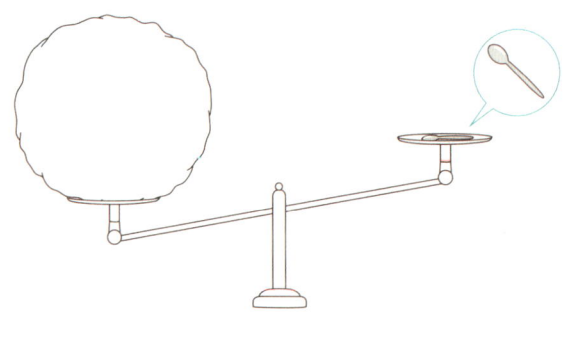

图 2-2

天平实验结果,得出了铁比棉花轻的事实。为什么出现了这样"奇怪"的结果呢?

上面的实验证明,体积越大,重量也会越大,因此在比较重量时,需要以同样的体积进行比较,拳头大的棉花须与拳头大的铁来比较,才会知道哪一个更重。但是为了比较重量而去制作相同大小的物体实在太麻烦了,所以科学家们在比较东西轻重时,会选择一个比较基准的材料——水。比如,选择等体积的棉花与水做比较,比较后的数字我们称为比重。了解了这个比重,就可以知道以水为基准时,物体到底有多重或多轻。将相同体积的水与铁进行比较,铁的重量大概是水的 8 倍。因此,铁的比重约为 8(表 2-1)。

表 2-1 比重表(Specific Gravity)

材质	轻木	软木	锂	木头	石头
比重	0.2	0.24	0.53	0.5	2.2~3.5
材质	汽油	乙醇	冰	橡胶	水
比重	0.705	0.785	0.92	0.93	1.0
材质	碳	镁	硫酸	砂岩	混凝土
比重	1.7	1.74	1.834	1.90	2.4
材质	水晶	铝	玻璃	钛	锌
比重	2.65	2.70	3.45	4.5	7.13

（续表）

材质	铁	铜	银	铅	金
比重	7.86	8.93	10.5	11.35	19.3

不同种类的树木，其比重虽有所差异，但与比重为 1.0 的水相比，木头大约轻一半左右，因此将木头扔到水里时，木头不会沉底而是漂在水上。

那么无人机的机架仅仅选择重量轻的材质就可以了吗？

当然不是！如柔软的棉花，怎么想也不适合用来制作无人机。世界上虽然有很多材料，但并不是每一种都能用于制作机架。无人机要承载电机与电池，所以还是选择固体材料为好。不仅如此，无人机在受到一定程度的冲击时，必须保持不变形，即便发生变形也可以恢复到原来的模样。如果不能恢复，那么变形的程度只会越来越严重，有可能引发坠机的危险。

因此机架材料的首要特性是材质坚固。不过材料再坚固，依然不能保证完全符合无人机材质的要求，比如玻璃是很坚固的材料，但是它十分易碎。无人机在飞行中难免会遇到撞击，如果一撞就碎了的话，则会增加使用成本，所以制作无人机的材料除坚固外，还需要不易破碎的特性。

在固体上施加压力，固体会变形，如果用手捏一下橡皮球再松开手，它就会立刻恢复原来的模样，我们把可以恢复到原来模样的性质称为弹性。但一部分固体即便将力量撤回，也不会恢复到原来的模样，我们将此称为可塑性。所以，在无人机材质的选择上，不易破碎、适当的弹性和可塑性都是我们需要考虑的因素。

（二）无人机机架的原材料——碳（Carbon）

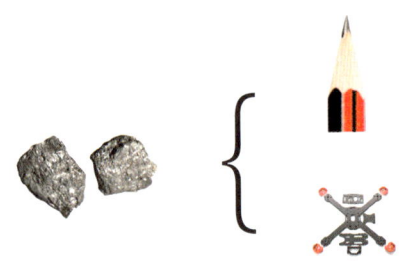

构成铅笔芯和碳纤维无人机机架的主要元素都是碳

图 2-3

目前最常见的用来制作无人机机架的材料是碳纤维。

碳是一种非金属元素，Carbon 是碳元素的英文名称。碳是一种像煤炭一样的黑色物质，我们身边最容易找到的碳元素构成的物质是铅笔芯（主要是石墨）。铅笔芯非常容易碎，而同样以碳元素为主构成的碳纤维制成的无人机的机架却异常坚固，那是因为两者碳元素的排列方式不同（图 2-3）。

用碳元素线织成的布料贴上黏合剂制作成碳板，碳纤维机架就是由碳板制成的。

选择碳纤维的原因是：

（1）碳纤维的机架强度高，可以很好地保护飞行控制器。
（2）安装过程简单。
（3）碳纤维材质的机架重量轻。

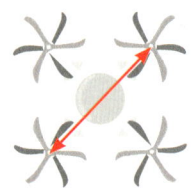

无人机的大小是按照电机与对向电机对角线距离来测量的

图 2-4

根据无人机机器的大小确定了无人机的一个重要的参数——轴距。通常竞赛用无人机按照轴距分别有 180mm、210mm 或 250mm，此数字表示电机与对向电机之间的对角线距离（图 2-4），比如，250 无人机的对角线距离为 250mm。

（三）塑料——另一种无人机机架的材料

塑料是适合制作无人机机架的另一种材料。绝大多数玩具无人机是使用塑料材质制成的。

塑料遇热融化，遇冷变硬，具有非常高的可塑性。但是用塑料制作物品都需要把塑料加热成为液体后倒入模具内才能进行制作，过程比较复杂。不过随着 3D 打印技术的出现，我们现在可以非常容易地使用塑料制作无人机机架。

做一做：利用 3D 打印机制作无人机

将自己的想象力转移到三维空间，利用便捷的三维绘图工具绘制并打印属于自己的无人机吧（图 2-5）！

（1）3D 打印机并不能识别像 stl 一样的三维设计图，需要使用像 Slicer 一样的程序将文件转换为 3D 打印机能够理解的文件。

（2）将制作好的文件传输到 3D 打印机中，即可一层一层输出属于自己的无人机结构。

（3）打磨好边缘粗糙的地方，属于你的无人机模型就完成了。

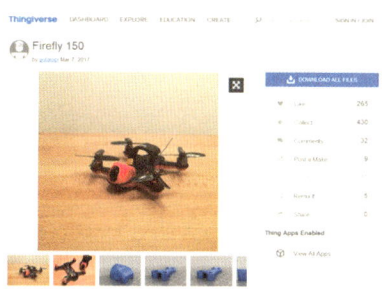

图 2-5

二、

无人机的翅膀——螺旋桨

  无人机最主要的功能就是飞行。如果把无人机比作一只小鸟,那么螺旋桨就相当于无人机的翅膀。小鸟可以通过不断地振动翅膀,凭借气流在天空中自由飞翔,而螺旋桨与小鸟的翅膀有着很大的差异,那么它是通过什么样的工作原理来为无人机提供升力、摆脱地球重力的呢?

  接下来一起来了解无人机的翅膀——螺旋桨。

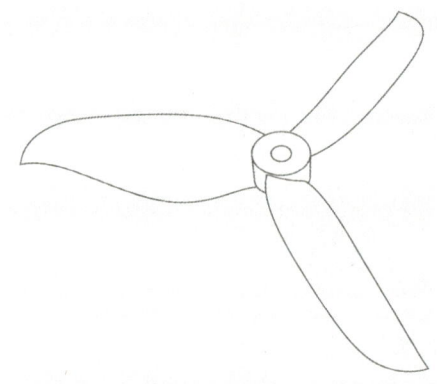

艾萨克·牛顿（Isaac Newton）（图2-6）发现的万有引力定律认为，物体的质量越大，引力越大。我们将地球吸引万物的力量称为重力。

地球上的所有物体之所以没有悬浮在空中，是因为地球强大的吸引力。因此，在天空飞翔意味着需要有比重力更大的相反力量。

艾萨克·牛顿(1643—1727年)

图 2-6

（一）克服重力的三种方法

重力是一种力量。所谓飞行，就是战胜了这股力量。那么，怎么才能获得比重力更大的力量呢？现在我们来看一看能够战胜重力的三种方法吧！

方法一：利用比重力更大的力量上升

克服重力最简单的方法是什么呢？那便是用比重力更大的力量向上扔。

大家可以尝试将小球垂直扔向天空，因为小球得到了比重力更大的力量，所以它会飞向天空，我们可以简单地认为小球克服了重力。当上升的力量消失之后，小球还是会掉到地上。

这个方法会引发出两个问题：

第一，扔到天空中的球会因为向上抛的力量短暂地飞向天空，但还是会因为重力的影响掉下来。因此，我们需要能够持续克服重力的方法。

第二，当向一个方向用力的时候，会存在与之相反的力量，我们称为反作用力。科学家在设计火箭时，为了持续获得向上的力量，会利用作用力与反作用力，所以我们也要想一想如何利用反作用力来达到目标。

实验：

要想让物体动起来，就需要给它一个动力，气流也可以提供使物体移动的动力。试着松开一个充满气的气球，看它是怎样运动的吧！

方法二：变得比空气轻盈

从上面的实验中可以看到，当气球里的空气全部排出时，气球就会丧失飞向天空的反作用力，进而因为重力掉回地面。我们经常可以看到游乐园里的气球一直飘在天空中，并没有掉到地上，这是为什么呢？

气球会飘在空中，是因为气球里面的气体密度比空气密度小，轻于同体积的空气，当产生的浮力超过气囊和附带物体的重量时，气球就会飘在空中。

那么，比空气轻的气体都有哪些呢？科学家在探索物质特性的过程中，发现了构成这个世界的最基本的物质，我们将它称为元素。标准元素周期表（Periodic Table of the Elements）包含了这个世界上已发现的所有的物质元素，并且按照它们的原子量与性质排列顺序（表 2-2）。

表 2-2　元素周期表

元素周期表中的气体，排位越靠前越轻，我们可以查一查氧气、氦气、氢气、氮气，发现氢气最轻，氦气其次，它们都比空气要轻，所以充满氢气或氦气的气球受到的空气的浮力大于气球所受的重力，气球就会飘上天空。与其说它飘上天空，倒不如说它被空气托在天空更恰当。

实验：制作孔明灯

你知道孔明灯是怎么飞上天空的吗？其实，它是被上升的热空气推动着飞起来的。下面，我们一起制作一个孔明灯吧！

准备材料：

·半透明纸
·酒精
·铁丝
·糨糊

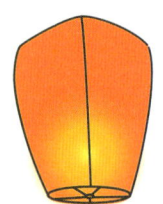

（1）三张半透明的纸上下对齐叠放。
（2）竖着对折，在两边分别用笔画出弧形，用剪刀沿画好的线将纸裁剪好。
（3）用糨糊将裁剪好的三张纸粘成一个三锥形。
（4）用钳子将细铁丝弯成一个圆形，中间用铁丝固定成十字，提前预留出安放固体酒精托盘的位置。
（5）在做好的三锥形的底部周边涂抹糨糊，将圆形的细铁丝固定住。
（6）燃放孔明灯：先将纸撑开，再将固体酒精放在托盘中，点燃酒精，十几秒过后，孔明灯膨胀，松手即可飞上天空。

小贴士

现代工业生产的孔明灯，多采用石蜡、绵纸蜡、布蜡等作为燃料，它们能够持续燃烧数分钟甚至十几分钟，容易诱发火灾。所以，我们在燃放孔明灯时，一定要遵守规定，尽量选择无风的场合，不要在市区、森林、加油站等地段燃放，更不要在飞机场、火车站及民航航线上等空中管制区域燃放孔明灯。

方法三：利用螺旋桨的升力

无人机是如何克服重力的呢？其中的奥秘便是它的螺旋桨。无人机在飞行时，螺旋桨快速旋转便能推动无人机飞行。

螺旋桨旋转时，桨叶不断把大量空气（或者其他推进介质）向后推去，空气被向后推去的同时，空气也对桨叶产生向前的反作用力，即推进力。桨叶上的推进力在前进方向的分力构成拉力。

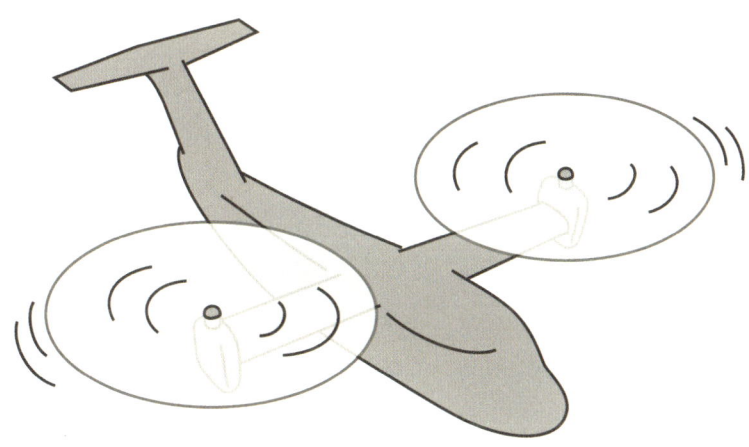

螺旋桨以转动桨叶获得动力。最初的螺旋桨是1871年由法国的阿方斯·佩诺（Alphonse Penaud）（图2-7）为推动玩具飞机前进而发明的。

阿方斯·佩诺（1850—1880年）
19世纪法国航空设计及工程的开拓者，于1871年发明了第一架使用螺旋桨的可移动模型飞机Planophore。这是航空史上第一架动力模型飞机，也是近现代飞机模型的原型。

图 2-7

直升机的螺旋桨利用旋转的风叶推动空气，并利用产生的力量升上天空。直升机具有就地起飞、能在空中悬停的优点。但螺旋桨一旦停止旋转就会失去上升的力量，所以在无人机飞行过程中要注意不能让螺旋桨停止转动。

实验：比一比螺旋桨的升力

升力是螺旋桨转动产生的，因此螺旋桨越大，数量越多，产生的升力则越大。我们来自制一个竹蜻蜓，旋转让它飞向天空。下面，我们尝试使用不同的螺旋桨，看一看有什么不同。

准备材料：

· 顺时针螺旋桨
· 逆时针螺旋桨
· 木筷子

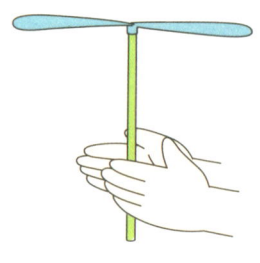

不同形状的螺旋桨会产生不同的升力，因此在旋转时，尽量用相同的力量才能发现螺旋桨之间的差异。

(1) 将顺时针方向的螺旋桨放在手心，按照顺时针方向旋转，看能不能飞起来。

(2) 将顺时针方向的螺旋桨分别插入木筷子的两端，看能不能飞起来。

(3) 将顺时针方向的螺旋桨与逆时针方向的螺旋桨分别插入木筷子的两端，看能不能飞起来。

哪一种螺旋桨飞得更好呢？如果有很多可以试验的螺旋桨，则可以尝试找出最佳的螺旋桨组合。

(二) 螺旋桨的作用力与反作用力

螺旋桨在旋转的过程中会产生作用力与反作用力，直升机也不例外。

如果我们仔细观察直升机，就会发现直升机的尾部也装有一个小型螺旋桨，这个小型螺旋桨旋转产生的力会抵消大螺旋桨承受的反作用力，保证直升机的机身不进行自旋。

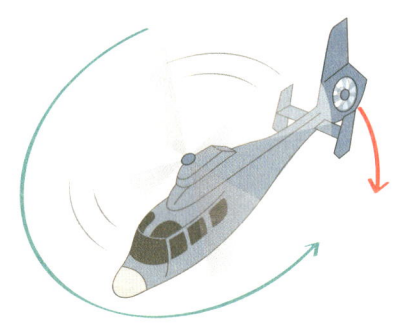

当大螺旋桨快速旋转时，其反作用力也会变大。因此，尾巴上的小螺旋桨也需要快速旋转。小螺旋桨还有另外一个用途，那就是通过改变转速来调节抵消掉的大螺旋桨反作用力的大小，以改变直升机的方向。

目前，世界上也有安装了两个反方向旋转的螺旋桨的直升机（图2-8）。此类直升机通过旋转与目标方向相反的螺旋桨，利用其产生的反作用力改变方向。

图 2-8

拥有多个螺旋桨的无人机同样也是利用这个原理改变方向。

拥有四个螺旋桨时，猛力旋转顺时针方向的螺旋桨产生的反作用力，使无人机会向逆时针方向旋转。

如果希望直升机以顺时针方向旋转，则需要猛力旋转逆时针方向的螺旋桨。

如果希望无人机悬停，则需要保持相反方向的螺旋桨制造大小相同的反作用力。因此，无人机的螺旋桨数量通常是偶数。

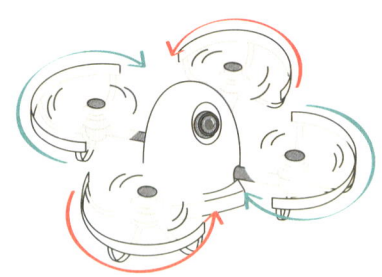

无人机的心脏——电机

  心脏是给人体提供活力的源泉，电机就相当于无人机的心脏，它带动螺旋桨旋转。如果没有电机，螺旋桨则无法运转，那么无人机自然无法起飞，所以电机的好坏，直接影响无人机的飞行状态。下面我们一起来了解一下电机的工作原理吧！

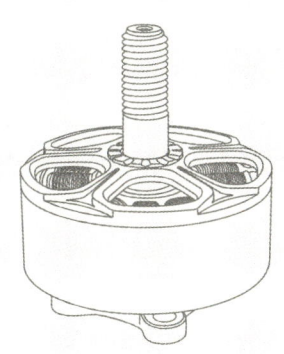

（一）磁力

我们把物体能够吸引铁、钴、镍等物质的性质叫作磁性，具有磁性的物体就叫磁体。磁性是磁体能够吸引顺磁物质的一种特性，它是由磁体本身的性质决定的。磁体能在自己的周围产生磁场（图2-9）。磁力（Magnetic Force）是磁场对放入其中的磁体和电流的作用力。磁力是相互作用力的一种，磁体本身并不存在磁力，是两个磁体之间相互作用的结果，可表现为斥力和引力。磁铁具有同极相斥、异极相吸的特性。

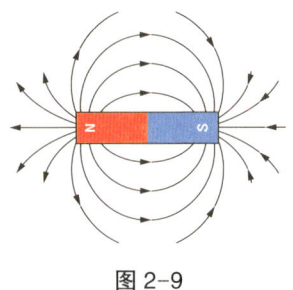

图 2-9

能够产生磁力的空间存在着磁场。我们把受到磁力影响的范围称为磁场。磁场是一种看不见、摸不着的特殊物质，磁场不是由原子或分子组成的，但磁场是客观存在的。磁体周围存在磁场。变化的电场也能产生磁场，磁体间的相互作用就是以磁场作为媒介的。将磁铁放在撒满铁粉的纸张下方，你会发现铁粉会因磁力产生一定的纹理。

虽然磁铁越大所产生的磁场强度越大，但不同种类的磁铁的磁场强度也会不同。磁场强度通常用高斯（Gauss）来表示，10高斯的磁铁比100高斯的磁铁磁场强度弱。生活中最常见的黑色磁铁为铁氧体磁铁，磁铁的磁场强度具有随温度升高而减弱的特性。

钕铁硼磁铁（图2-10）：2500~5000高斯
钐钴磁铁：2500~3500高斯
铁氧体磁铁（图2-11）：1500~2000高斯
铝镍钴磁铁：800~900高斯
地球：0.5~0.8高斯

钕铁硼磁铁

图 2-10

铁氧体磁铁

图 2-11

科学家发现电流通过电线时，电线周围会产生磁场。当电流调整时，磁场也会随之发生变化。

左手定则

如果通过电流的导线拥有和磁铁一样的磁力,将该导线放在磁铁附近时,又会发生什么呢(图2-12)?

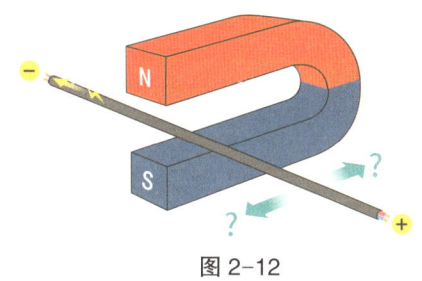

图 2-12

为了揭示通电导线在磁场中移动的方向,英国工程学家弗莱明(John Ambrose Fleming)(图2-13)提出了"弗莱明左手定则"(图2-14)。按照该定则打开左手,你就能很快确定导线往哪个方向移动。

约翰·安布罗斯·弗莱明(1849—1945年)
　　英国电气工程学家,也是伦敦大学最早的电气工程学教授。弗莱明于1885年在电磁学研究中提出了有关电流·磁场·导体运动三大方向的定则(弗莱明定则)。

图 2-13

弗莱明左手定则

食指方向代表从N级到S级的磁场方向;中指方向代表从正极到负极的电流方向;拇指所指的方向是力的方向,即通电导线运动的方向。各自的方向虽然记忆起来比较困难,但如果使用弗莱明的左手定则就会非常容易。

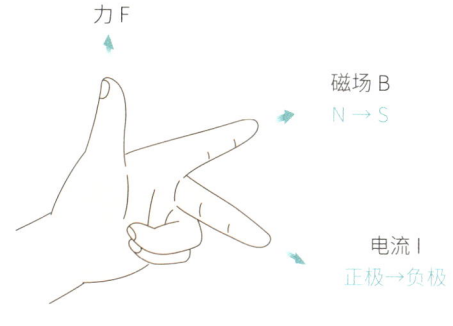

图 2-14

如果你已理解弗莱明的左手定则,那么我们就来预判一下前面提到的通电导线在磁体附近的运动方向。磁场方向是从 N 级到 S 级,那么将食指向下,中指指向与电流方向保持一致。拇指指向哪个方向呢(图 2-15)?

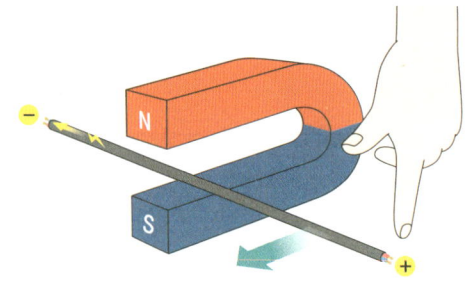

图 2-15

电流与磁铁之间产生了力,通电导线按照拇指所指的方向移动。如果电流变成了反方向,那么通电导线就会向图 2-15 中相反的方向运动。如果你理解了力的方向,便可以理解电机旋转的原理。反复利用此原理,可以使通电导线一直绕圈转动。

(二) 利用磁力转动的"电机"

有电流通过的导线会产生磁性。用导线缠绕成线圈放在磁铁附近,通电后,就如同同极的磁铁相互排斥一样,线圈会产生偏移。电机就是利用这一原理进行旋转的。回想一下被拆解的无人机,看一看电机是如何将电力转换为旋转力的吧!

电机大体上分为底壳、线圈与装有磁铁的外壳三部分(图 2-16)。电线圈是将电力转换为磁力的绕线组,通电后,电线圈产生的磁力与外壳磁铁(图 2-17)产生的磁力相互作用,从而推动电线圈转动,电机就运转起来了。

但是,通过推动一根电线,电机就会旋转吗?

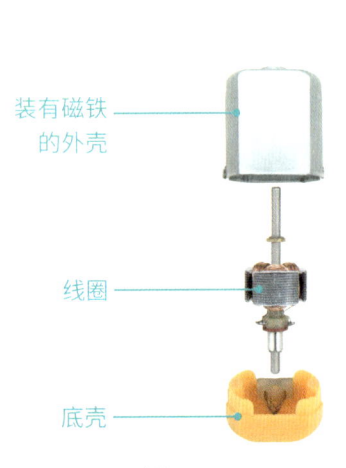

图 2-16

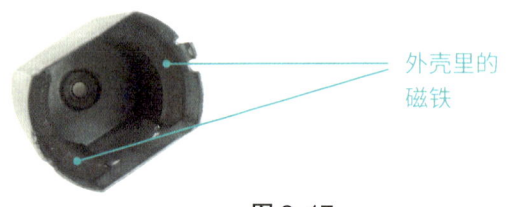

图 2-17

如果通过电线的电流一直是一个方向，那么力的方向也是保持一个方向。向一个方向移动的电线不会重新回到原来的位置，所以不可能做360°旋转运动，按照这个方法制作旋转的电机显然不行。

电机一直在旋转，意味着力的方向在持续发生变化。要改变力的方向，电机只需改变电流的方向即可。根据弗莱明的左手定则，如果电流的方向发生变化，力的方向也将发生变化（图2-18），所以电机中必须存在转换电流方向的装置来确保电机持续旋转。

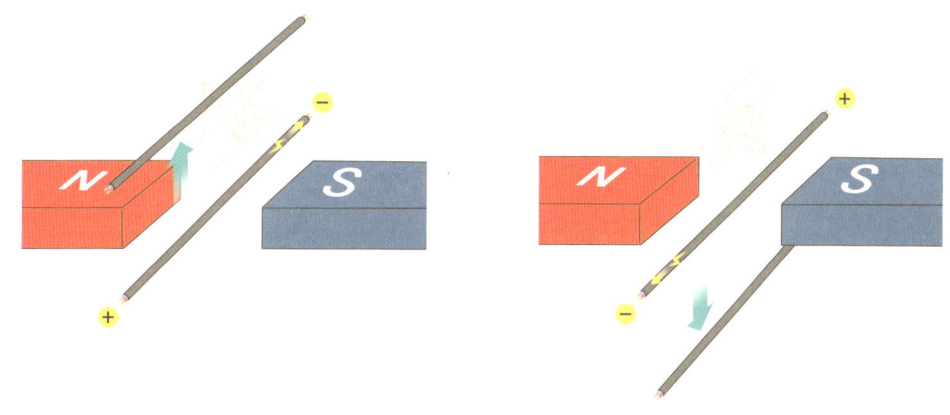

图 2-18

电刷位于拆解的电机底壳（图2-19）。薄薄的金属片在电机旋转时，一次正向、一次反向地将电引入、引出。因为此类电机有电刷，所以称为有刷电机（Brush Motor）。

为了改变电流的方向，当电线圈移动半圈时，电刷就会反向连接，电流随之发生改变，产生的反向作用力确保电线继续运动回到原位，使电线圈持续旋转（图2-20）。

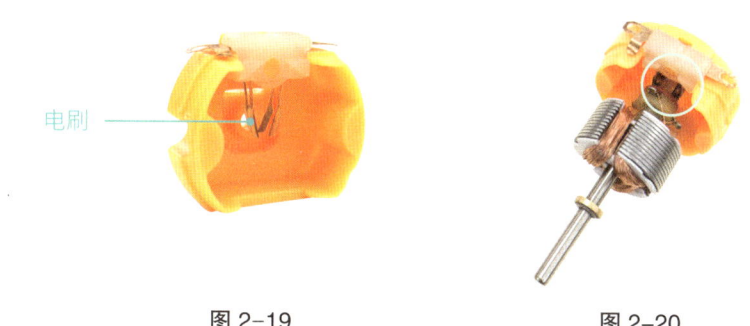

图 2-19　　　　　图 2-20

做一做：铜线电机

我们利用电流与磁铁之间产生力的原理，一起来制作一个铜线电机吧！为了制造电机，我们需要电池、电线、磁铁与改变电流方向的电刷与整流子。

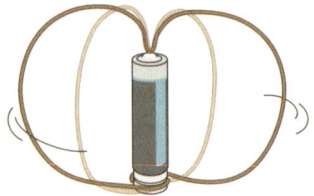

准备材料：

- 铜线（可以长一点）
- 干电池
- 两粒纽扣磁铁

（1）把铜线弯曲成比电池高一点的心形，心形底部的铜线弯曲成两个半圆。

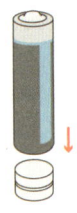

（2）把两粒纽扣磁铁叠放在一起，连接到电池的负极（平坦的一端），然后放置在桌子上。

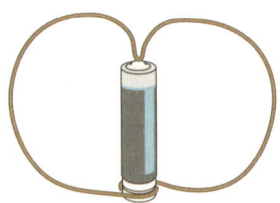

（3）将心形铜线的顶点放在电池的正极，微调心形形状，可能需要将其缠绕在磁体组件上多次，按照图中的样式检查平衡，并调整磁铁两端的连接。

铜线电机的磁铁采用磁力强劲的铁氧体磁铁。铁氧体磁铁虽然体积小，但具有非常强的磁场强度，当两个磁铁吸在一起时很难将其分开。在电池的底端贴上铁氧体磁铁，并将铜线弯曲挂在电池正极后，把其余部分弯曲成半圆。铜线在放到干电池上后，会以干电池为轴心保持匀速旋转。如果结构不协调，铜线会在旋转的过程中弹到电池外面去。为了使铜线旋转3秒以上，须使铜线弯曲均衡，完美的铜线电机会一直旋转。

（三）无人机采用的电机

为了使无人机能够飞向天空，需要电机带动螺旋桨旋转。适合无人机的电机是什么样的呢？为了寻找答案，让我们先来读一读电机内标记的一些参数（表2-3）。

表2-3　无人机电机内标记的参数

电机型号	螺旋桨	电压(V)	油门(%)	电流(A)	推力(g)	力效(g/W)	转速(RPM)	功率(W)
TransTEC 2306 Race Pro 2700KV	Azure Power 5150-3	16	22	7.3	335.0	2.9	20690	116.9
		16	45	19.2	773.0	2.5	29411	307.8
		16	67	30.2	1109.0	2.3	35714	484.3
		16	90	51.3	1628.0	2.0	42262	817.8
		16	100	60.5	1851.0	1.9	45100	968.0
	Azure Power 5140-3	16	22	7.01	303	2.7	14285	112.4
		16	45	17.64	759	2.68	20833	283.1
		16	67	27.39	1064	2.42	26786	439.6
		16	90	45.32	1579	2.17	30303	727.3
		16	100	53	1800	2.123	32000	848

电机旋转的速度（Revolution Per Minute，RPM）

为了让无人机能够在天空自由翱翔，电机需要变化速度旋转。除了快速旋转和慢速旋转，我们还有一种表述电机旋转速度的准确说法，那便是 RPM——电机每分钟旋转的圈数。

如果想让电机旋转得更快，应该怎么做呢？

电机旋转的力产生于磁铁与电线的磁场之间。如果将该力变得更大，电机就可以转得更快。那么，增强磁铁的磁力或增大流经电线的电流，是不是就可以让电机旋转得更快呢？

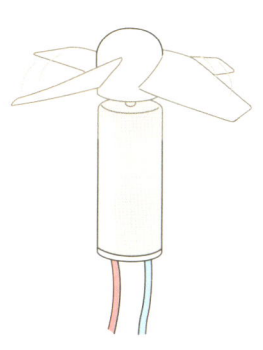

因为磁铁已经固定，更换磁铁以提高磁力相对没有那么容易。所以，只有依靠增大电流，电机才可以旋转得更快。

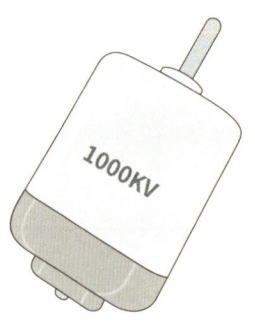

电流与旋转速度成正比，而电压又是电流形成的条件，并与电流成正比，所以为了表述电流、电压、旋转速度的关系，我们用 KV 来表示，也就是输入电压增加值与电机转速增加的关系，即：电机转速（空载）= KV 值 × 电压。

例如，KV1000 的电机在 1V 电压下的转速为 1000 转 / 分钟，在 10V 电压下，它的转速就是 10000 转 / 分钟。

在相同重量下，KV 值越大，无人机得到的最大推力就越大，同时也更加费电；在相同推力下，KV 值小的无人机比 KV 值大的无人机省电。

电机旋转的力量，扭矩（Torque）

电机是否强劲，不但取决于旋转速度，还取决于旋转的力矩，我们将促使电机旋转的特殊力矩称为扭矩（Torque），扭矩同样是产生于电机磁铁与电线之间的力。在功率一定时，扭矩与转速成反比，转速越快，扭矩越小；转速越慢，扭矩越大。当输入更大的电流时，就会产生更大的力矩。

以自行车为例，自行车根据旋转的轮子及齿轮的大小，会以不同的力量与速度前行。在相同力量的作用下，大齿轮会比小齿轮以更大的力矩旋转（图 2-21）。相反，虽然小齿轮力矩较小，但旋转次数更多。当走上坡路时，我们需要将链条挂在大齿轮上，这样会有更大的力矩，如果希望以更快的速度前进，则需要将链条挂在小齿轮上。

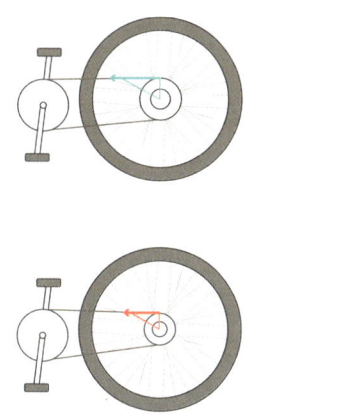
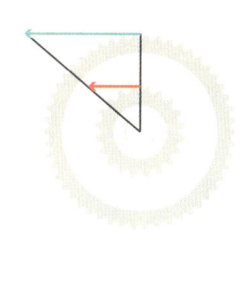

图 2-21

从旋转的中心到施加力的点，距离越大，力矩越大，但速度相对变慢。促使电机旋转的力矩与自行车齿轮运动的原理相似，即电机的中心与绕线组之间的距离越远，电机的力矩（扭矩）越大（图 2-22）。

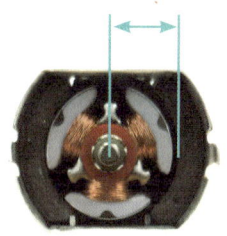

图 2-22

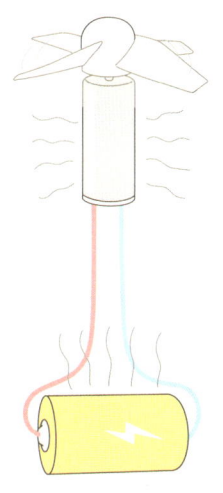

转换成动能和热能的电能

电机是将电池的电能转化为旋转动能的装置，但并非所有电能都会转化为旋转动能，没有转化为旋转动能的能源会转化为声音或者热能。如果能将所有电能转化为旋转动能是最好的，但实际中是不可能实现的。

我们将电能转化为旋转动能的多少称为效率，如果将 100 的电能转化为 50 的旋转动能，该电机的效率则为 50%。此时，剩下的 50% 绝大部分转化为热能，使电机发热，或成为电机旋转时发出的声音。因此，效率越高的电机越安静，并且发热越少。

做一做：尝试制作电风扇

我们先来确认无人机当中使用的电机是不是直接输入电力就可以旋转。将电机的电线与干电池相连接，电机向哪个方向旋转呢？通过无人机上使用的螺旋桨不仅可以清楚地看到旋转的样子，在实验期间还能充当电风扇使用。

玩具中使用的干电池约为 1.5 V 电压。电压的强度会随串联电池数量的增加而变高，如使用两个干电池（1.5 V+1.5 V），则可制造约 3 V 电压，3 V 电压可以让电机和螺旋桨成为更强力的电风扇。快速旋转的螺旋桨十分锋利，一定要注意安全。

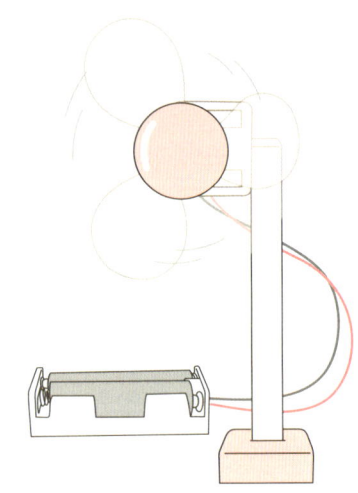

（四）更强的无刷直流电机

与普通无人机不同，竞赛专用的无人机对飞行速度和续航时间要求更高，需要选择更安全且有力的电机——无刷直流电机。

我们观察大多数损坏的有刷电机内部，通常会发现损坏的主要原因为电刷摩擦过度、绕线组过热及轴承损坏。

图 2-23

竞赛专用的无人机使用无刷直流电机。无刷电机的意思是"没有刷子的直流电机"。无刷直流电机内绕线组依次制造磁场，该磁场与磁铁之间产生的力推动电机运转（图 2-23）。流向电机的电流越大，其旋转速度就会越快。

无刷直流电机虽然很优秀，但也有缺点。如果想依次向绕电阻快速输电，则需要由电子调速器（ESC）这种特殊装置来控制，电子调速器将控制信号转化为电信号来控制电机的运转速度。

那么，电机转动的快慢到底由什么来决定呢？为了驱动四个电机，无人机需要一个大脑。我们到本章第 4 节来了解一下无人机的大脑——飞行控制器。

四、

无人机的大脑——飞行控制器

人的行为都由大脑来支配，如果没有大脑，人就无法控制自己的肢体、语言和动作。无人机也需要这样的大脑，能够让无人机保持平稳飞行，电机能以精准的速度进行旋转，而这种精准的计算都要依靠无人机的大脑——飞行控制器（Flight Controller），简称飞控。

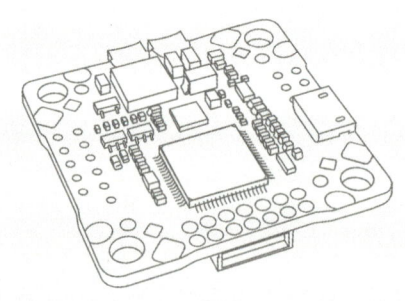

（一）无人机也像人类一样有知觉吗？

我们通过看、听、摸等，感知外部信息，从而控制自己的行动。同样，无人机也有自己的"感知器官"。我们把模仿感知器官的设备称为传感器，无人机的传感器分为陀螺仪和加速计，实时感知无人机运动的方向和速度。

无人机在分析传感器传送的感知信息后，通过控制器下达命令，这种控制器就是飞行控制器（Flight Controller）。飞行控制器需要快速计算很多数据使无人机获得平衡，飞行控制器中有陀螺仪与加速计。在了解飞行控制器之前，让我们先来了解这些传感器。

陀螺仪（Gyroscope）

陀螺仪是一种用来感测与维持方向的装置（图2-24）。那它的原理是什么呢？

物体转动时的离心力会使物体自身保持平衡，陀螺在地上旋转不倒也是基于这一原理。在盘子上转动陀螺，然后尝试倾斜盘子，你会发现即便盘子发生了倾斜，高速旋转的陀螺依然会保持原来的样子，这就是陀螺效应（图2-25）。

陀螺仪

图 2-24

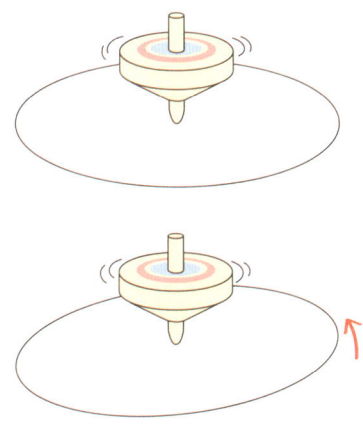

陀螺效应

图 2-25

加速计（Accelerometer）

我们将速度变快称为加速，将速度变慢称为减速，把描述物体速度变化快慢的物理量称为加速度。无人机和人一样，需要感知是否向前加速，是否向侧方加速，因而需要一个传感器，它就是加速计。

加速计与箱子内铁球运动的原理相似（图 2-26）。如果快速将箱子向右侧推动，因铁球的惯性，你会发现铁球在向左移动。此时，观测铁球移动了多少，就可以测量出其加速值。

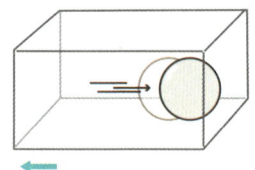 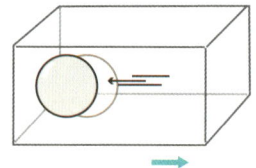

加速计与测量箱子内铁球运动的原理相似

图 2-26

如果将铁球箱子做成加速计，对于无人机而言太大了，因此无人机中使用的加速计与陀螺仪都会制作成一个芯片放入无人机的控制器中。

> **小贴士**
>
> **微机电系统（MEMS）**
>
> 飞行控制器中的陀螺仪和加速计装在一个小小的芯片中。我们将此类小芯片的微小机械产品称为微机电系统（MEMS, Micro Electro-Mechanical System）。微机电系统是指尺寸在几厘米以下乃至更小的小型装置，是一个独立的智能系统，主要由传感器、作动器（执行器）和微能源三大部分组成。

(二) 无人机的大脑——飞行控制器

我们将无人机中搭载的电脑称为飞行控制器（飞行控制电脑）。它不断计算传感器传输的信息，不停地变化电机的速度，使无人机按照操控者的意愿飞行或停留在某个地方。

当飞行控制器发出命令向电机输入更多电时，电机会旋转得更快。相反，如果命令输入更少的电时，电机的速度会降低。另外，螺旋桨的角度稍有偏差，升力就会发生变化，哪怕很小的风，无人机也有可能马上坠机。因此，控制各个电机的飞行控制器时刻都在紧张地忙碌着。

控制器控制电机的速度，只需调节向电机输入的电量就可以了。四旋翼无人机共有四个螺旋桨，电机负责带动螺旋桨转动，而飞控控制电机是通过电调（电子调速器）实现的，飞控给电调下达命令，电调负责为电机输入需要的电量，从而实现电机的转动（图2-27）。

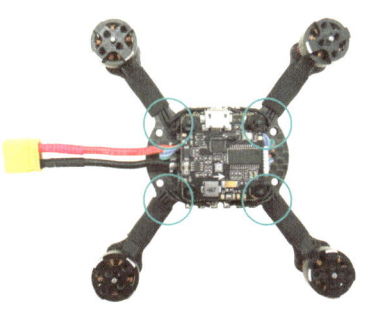

电调与电机连接

图 2-27

五、

无人机的能量——电池

我们每天都要摄入肉蛋奶来补充所需的蛋白质及各类营养物质，让身体充满能量。那么无人机在飞行的过程中，各个零部件的运转、相互之间的带动，是否也需要这种能量呢？螺旋桨旋转能使无人机起飞，螺旋桨依靠电机来带动，电机的转速又由飞控来计算，而能够为这些设备提供电力的就是电池。

接下来让我们了解一下驱动无人机的电力来源和盛装它的容器——电池。

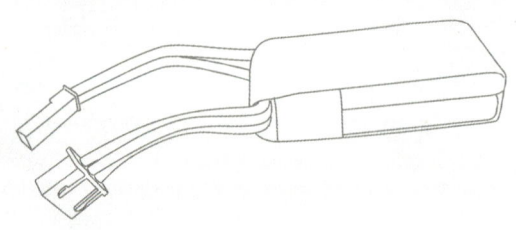

(一) 什么是电？

世界上大部分的物质都是由分子构成的，分子又由原子构成，原子由原子核和核外电子构成，原子核中的质子带 1 个单位的正电荷（＋），核外电子带 1 个单位的负电荷（－）。有些物质很容易失去电子，有些则很容易得到电子。

失去电子的物质带正电荷（＋），得到电子的物质带负电荷（－），带负电荷（－）的物质会与带正电荷（＋）的物质相互吸引。产生静电的头发会吸到塑料梳子上，就是因为头发上的负电荷（－）转移到了塑料梳子上（图 2-28）。

用毛皮摩擦橡胶球会发生什么呢？因为毛皮很容易失去电子，而橡胶球更容易吸收电子。当两者发生摩擦时，毛皮的电子就会转移到橡胶球上，橡胶球就会携带很多负电荷（－）（图 2-29）。

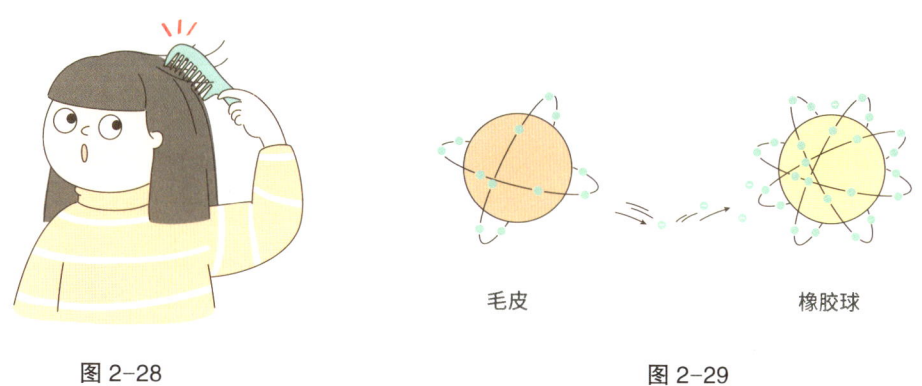

图 2-28　　　　　　　　　　图 2-29

易失电子物质的顺序

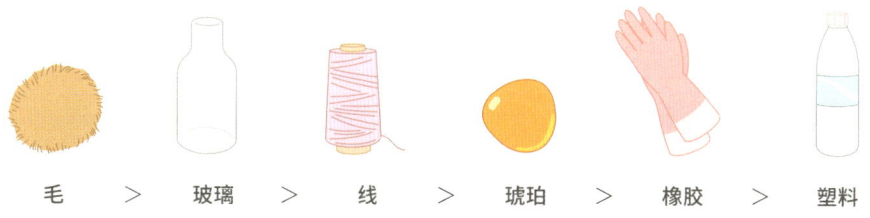

毛　＞　玻璃　＞　线　＞　琥珀　＞　橡胶　＞　塑料

电子一流动就产生电了

冬天天气干燥，我们触摸铁或者塑料时，都有过被电了一下的感觉，那是因为我们的身体和毛皮一样容易失去电子。身体在失去电子的情况下触摸到了易吸收电子的物体就会产生"静电"。

静电（Static Electricity）是通过摩擦引起电荷的重新分布而形成的，也有由于电荷的相互吸引引起电荷的重新分布而形成的。一般情况下，原子核的正电荷与电子的负电荷相等，正负平衡，所以不显电性。但是如果电子受外力而脱离轨道，就会造成不平衡的电子分布，比如摩擦起电实质上就是一个造成正负电荷不平衡的过程。当两个不同的物体相互接触并且相互摩擦时，一个物体的电子转移到另一个物体，从而产生静电。

同学们小时候有没有被雷电吓到过呢？雷电是由于云里的水珠或冰块相互摩擦，电子聚集到一起所产生的静电。因为云很大，聚集的电子也很多，所以静电也是超大规模的。

我们指尖上产生小型静电时会发出一声"啪"的声音，那超大型静电发生时的声音就是我们所说的打雷了，而我们指尖上的小火花，放大了就是天上的闪电，它们只是大小不同而已。

盛装电的容器——电池

电子流动的能量产生了电能，如果不想让存储的电子一下子流完，而是一点一点流动的话，就需要用到电池了。

干电池有很多种类和大小，常见的干电池是 AA（5号）和 AAA（7号），大部分都是 1.5 V 电压。

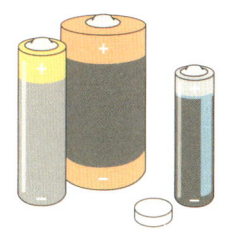

我们经常用到的干电池是锌锰电池（或称碳锌电池）。锌锰电池由锌和碳制作而成，因为锌具有易失电子的特性，碳具有易得电子的性质。锌在失去电子时会融化，碳在得到电子的同时将干电池内的化学物质分解，通过这一缓慢发生的过程，干电池就产生了电。当然，如果干电池的正负极断开，电子就不会移动，也就不会产生电流。

直流（DC，Direct Current）

无人机 DC 电机中的"DC"是"Direct Current"的简称，意思是电流流向始终不变。电流是由正极，经导线、负载，回到负极。通路中，电流的方向始终不变，我们将输出固定电流方向的电源称为"直流电源"。玩具里的电池装反后，这个玩具不运转，就是因为使用的是单向电流的电力，即直流电驱动的设计。

交流（AC，Alternating Current）

普通家用电是交流电（Alternating Current），电流方向随时间作周期性变化。如果这个转变的次数一秒内达到了 60 次，就是 60Hz。因为电流的方向总是在变，所以家电的插销如何插，家电都会正常工作，而不会像干电池一样装反了就不工作了。

（三）无人机需要特殊的干电池

无人机电池的形状与一般电池不一样，无人机需要特殊的电池。接下来我们通过电压、电流及放电率等概念，了解一下无人机电池与一般干电池有什么不同。

电的压力——电压（Voltage）

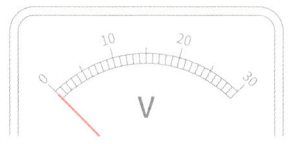

电压，也称作电势差或电位差，是衡量单位电荷在静电场中由于电势不同所产生的能量差的物理量。

河水之所以能够流动，是因为有水位差；电荷之所以能够流动，是因为有电位差。电位差也就是电压。电压是形成电流的原因。

为了表示电的压力，我们在数字后面加一个符号 V（伏特，伏）。

将两个或两个以上的干电池排成一串，把每个电池的正极和前一个电池的负极相连，这种连接方式称为串联。将电池串联，电压会变大。两个电池串联叫双电池，在电池上标注为"2S"，四个串联叫四电池（4S）。

例如，一块干电池的电压为3.7 V，那么双电池（2S）上标注的电压就是7.4 V（3.7V×2），同样的道理，三电池（3S）的电压为11.1 V（3.7V×3），四电池（4S）的电压为14.8 V（3.7V×4）。

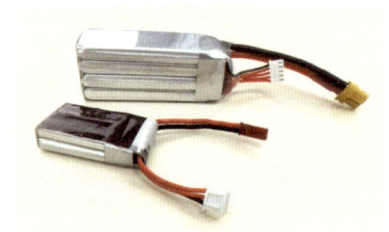

电流动的量——电流（Ampere）

单位时间里通过导体任一横截面的电量叫作电流强度，简称电流。就像同样高度上的两桶水，水龙头的口径不同，出水量也不一样。电压高，电流就会大，但是电线粗细和导电性质也会影响电流，那怎样衡量电流的大小呢？

电流的大小我们用 A（安培）表示。仔细看无人机的电池我们会发现有 A 的标识，A 的前后还会有其他符号，那电池上"mAh"中的"mA"及"h"都各表示什么呢（图2-30）？

图 2-30

mA（毫安，milli ampere）

"mA"指的是 1/1000 安培。"m"（milli）指毫，千分之一，也就是将某物分成一千份。如果把 1m（米）分成一千份，就是 1mm（毫米）；相反，如果有一千份 1mm（毫米），就成了 1m（米）。同理，把 1A（安）分成一千份就成为 1mA（毫安）了。

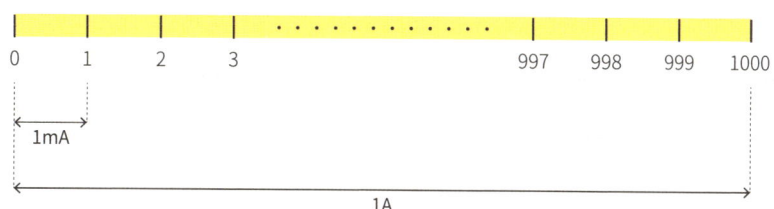

h（小时，hour）

"h"的意思是"一个小时"。也就是说 450 mAh 的意思是 450 mA 的电可以流一个小时。大家可以估算到电池里面有多少电了吧？

可以释放多少电流呢？一起来了解放电倍率（Discharge Rate）

无人机所用的电池是锂聚合物电池（Lithium Polymer Battery），简称锂电池（Li-po）。锂电池续航持久并且体重较小。

普通的电池与锂电池有什么不同之处呢？那我们先要了解"放电倍率"这个概念。一般放电倍率用来表示放电电流的大小。

普通电池与锂电池最大的不同就是放电倍率不同，放电倍率越大，提供的电流就越大。锂电池上"80C"中的"C"表示的就是放电倍率。

放电倍率 = 放电电流 / 额定容量

放电倍率是度量电池放电快慢的参数。所用的容量 1 小时放电完毕，称为 1C 放电；5 小时放电完毕，则为 1/5=0.2C 放电。一般可以通过不同的放电电流来检测电池的容量。对于 24mAh 的电池来说，2C 放电电流为 48A，0.5C 放电电流为 12A。

一般电池的放电倍率是 1C，无人机在飞行中对所需的电能要求很高，更大的放电倍率能够为无人机飞行提供足够的动力，而一般电池 1C 的放电倍率无法提供充足的电流支撑无人机飞行。

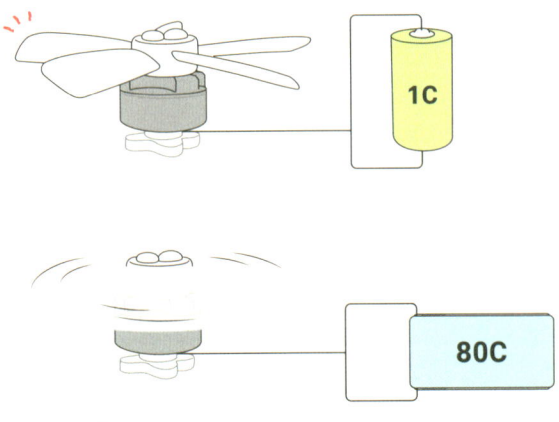

原电池和充电电池

一般电池使用过一次之后就不能再使用了,但用于无人机的锂电池是可以反复充电后使用的。我们把只能使用一次的电池称为"原电池",充电后可再次使用的电池称为"充电电池"。

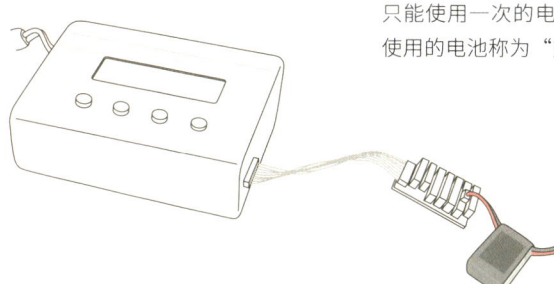

理解锂电池的参数

我们了解过一般电池和用于无人机的锂电池的差异,接下来我们看一看锂电池上面那些数字与文字都是什么意思吧!

80C/160C: 放电倍率为 80~160C,说明一次可释放的电达到容量的 80~160 倍
11.1V 3S: 3 块串联的电池,电压为 11.1 V,每块电池的电压为 3.7 V
450mAh: 以 450 mA 为放电电流,可放电一个小时

无人机的小电机需要 1000 mA 左右的电流,四个这样的电机共需要 4000 mA 的电流。如果 450 mA 的电池为 1 C,只能提供 450 mA,无人机就无法飞上天,所以需要更大放电量的电池。

450 mA 85 C 的锂电池可以一次释放 38250 mA(=450 mA×85)的电量,完全可以让无人机飞起来。所以,无人机就需要 85 C 的电池,但会比具有相同电量的一般电池更快地耗尽自己的电量。

无人机如果使用 450 mA 85 C(38250 mA)的电池,可以飞多长时间呢?原来可以用一个小时的电量,它消耗的速度要达到 85 倍,那么就是"60 分钟÷85 倍=0.7 分钟(42 秒)"。当然可以选取更大的锂聚合物电池,但是这样一来无人机变重了,就需要更大的电流,飞行时间也会变短。

使用无人机锂聚合物电池的注意事项

强有力的锂聚合物电池在使用过程中需要注意下列几点。

要使用专用充电器

就像往气球里注入太多的气气球会炸掉一样,锂电池如果加载超过电池额定电压,也会坏掉,所以要使用专用充电器。

要注意锂电池的电压不得低于 2.8V

对锂电池最好的电压是 3.8 V 左右,无人机飞行一段时间后,电池就会降低电压。如果再继续长时间飞行,电压就会跌至 2.8 V 以下,有可能会损坏电池。

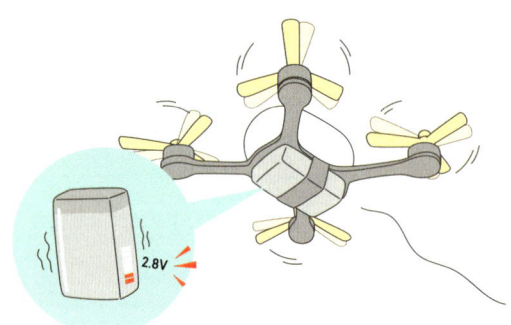

锂电池在寒冷地区会变弱

在寒冷地区放飞无人机,电流输出不稳定,电压也会很快变低,电池比较容易损坏。

锂电池的使用与废弃

电池里的电耗完后,无人机就会落到地面,我们可以测一测电池的单片电压,如果是 3.8 V 左右,就是一个很好的保存状态。在这个状态下直接存放,等到下次放飞之前再充电使用,能够让电池寿命更持久。

在我们看来,只要重复充电就能循环使用的锂电池,其实也有寿命。如果强行使用寿命到头的电池或坏掉的锂电池,则有可能着火。考虑到安全,如果寿命到头或显示出现故障时,就应该停止使用,更换新的锂电池。锂电池里面有很多化学物质,如果与一般垃圾一起丢弃,既会污染环境,也会把电池中珍贵的资源浪费掉。因此,锂电池也应该像其他电池一样,扔到电池回收盒里。

锂电池在扔掉之前,应该将残余的电量全部耗尽。前面我们讲到,锂电池具有一次可以释放出很多电流的能力,它的这个能力足以引发火灾。用尽残余电量的方法有很多种,比如让无人机的电机一直工作,直到无人机无法再飞起来;再比如在电池上接一个电灯泡,直到这个电灯泡不亮为止,这是最为安全的方法。

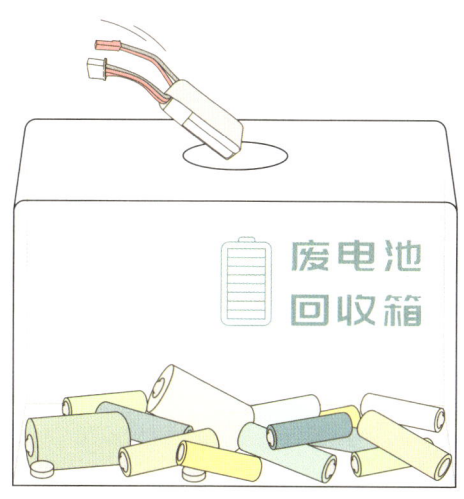

总结与思考

第一部分讲解了机架对无人机的保护作用及机架材料的选择。通过对比不同的材料，我们发现碳纤维的机架强度高、重量轻，可以更好地保护无人机各部件，并且它安装过程简单，是目前运用最广泛的机架材质。

第二部分了解了克服重力的三种方法；学习了螺旋桨的飞行原理、螺旋桨的旋转方向，知道了四旋翼无人机有两个顺时针旋转和两个逆时针旋转的螺旋桨，它利用螺旋桨运动时的作用力与反作用力来控制自己的运动方向。

第三部分学习了无人机电机的工作原理，以及直流电机和无刷电机各自的优点和缺点。

第四部分学习了飞控在无人机飞行中所起到的作用，以及飞控的工作原理。

第五部分学习了电产生的原理，电池是承装电的容器，以及使用无人机锂聚合物电池的注意事项。

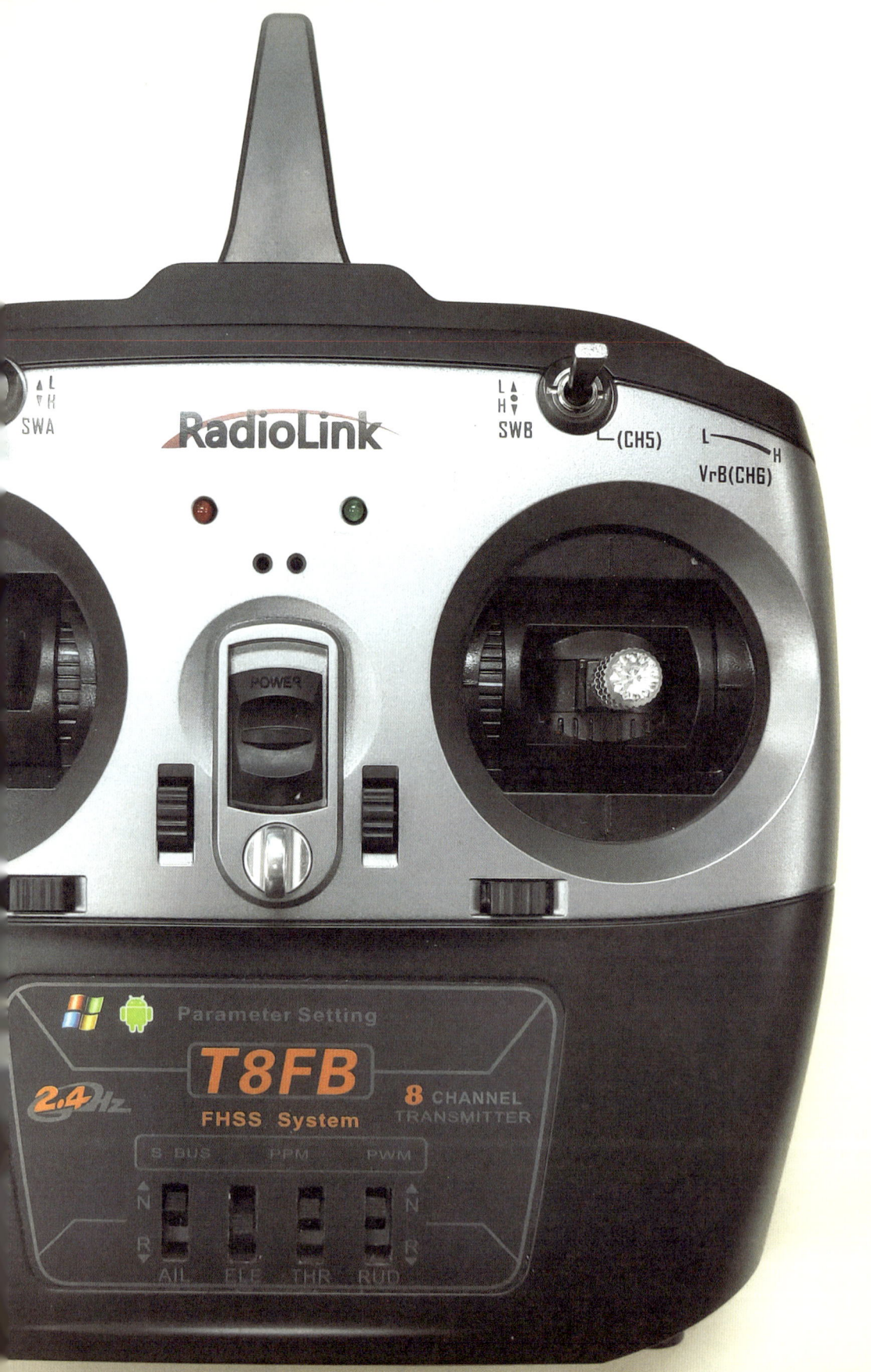

第三章
对话无人机

一、无人机的"语言"

二、与无人机沟通

三、用无人机看世界

一、

无人机的"语言"

  上一章我们学习了无人机的组成部件,他们分别是机架、螺旋桨、电机、电调、飞行控制器和电池,但是组装好的无人机还不能听从指令或者飞行,如果想随心所欲地操纵无人机,我们需要学会如何与无人机进行对话。

 电波

我们将无须使用网线即可联网的网络,称为无线通信网络。无人机与遥控设备的连接即采用这种网络,网络间信息传递的载体则是电波。

电波是什么?

1864 年,科学家麦克斯韦(James Clerk Maxwell)(图 3-1)发现变化的磁场可以激发电场,变化的电场可以激发磁场,电场和磁场相互联系、相互激发组成一个统一的电磁场。变化的电磁场在空间的传播形成了电磁波,电磁场的变动就如同微风轻拂水面产生水波一般,因此被称为电磁波,也常称为电波。

詹姆斯·克拉克·麦克斯韦(1831—1879 年)
　　当时人们已经知道电和磁体间有关联,但是无法准确地说明。英国科学家麦克斯韦是推导出可计算电磁波公式的伟大科学家。除此之外,他在天文学、工学领域也发表了很多理论。

图 3-1

1888 年赫兹(Heinrich Rudolf Hertz)(图 3-2)通过实验证实了电磁波可以传播很远, 1896 年马可尼(Guglielmo Marconi)(图 3-3)研发出无线通信的方法。我们现在就是利用这种技术与无人机进行对话。

海因里希·鲁道夫·赫兹(1857—1894 年)
　　交流电(AC, Alternating Current)中所使用的单位赫兹(Hz)就是以科学家赫兹命名的。他发现的电磁波目前应用于各种领域,包括手机、电视机及微波炉等。

图 3-2

伽利尔摩·马可尼（1874—1937年）

深受赫兹研究影响的马可尼是研究远距离无线通信的物理学家。通过不断地研究与实验，他于1896年首次研发出无线通信设备，并于1909年获得了诺贝尔物理学奖。

图 3-3

电波以光速前进

宇宙中目前已知最快的速度是光速，真空中的光速为 299,792,458 米/秒，每秒钟光可以绕地球七圈半。太阳离地球很远，太阳光到达地球的时间约 8 分钟。如果从地球发送电波指令给太阳附近的无人机，它会在 8 分钟以后收到指令并做出相应动作。

（二）无人机使用哪一种电波呢？

电波包括的范围很广，无线电波、红外线、可见光、紫外线、X 射线、γ 射线都是电波。依照波的长短、频率及波源的不同，电波可大致分为无线电波、微波、红外线、可见光、紫外线、X 射线（图 3-4）。

无线电波分布在 3 Hz 到 3000 GHz 的频率范围之间。无线电波一经发出，理论上会传向无穷远，接收设备调谐在某一频率时，相同频率会被吸收，不同频率会被略过。例如，我们常用的收音机，如果我们调到 106.1 MHz，那在北京就能听到中央人民广播电台第一套节目；如果我们调到 97.4 MHz，就能收听北京音乐广播的节目。目前中国广播使用的无线电波 FM 频率为 88~108 MHz，而无人机使用的电波频率为 2.4 GHz，它们的频率不同，所以无人机不受 FM 无线电波的影响。

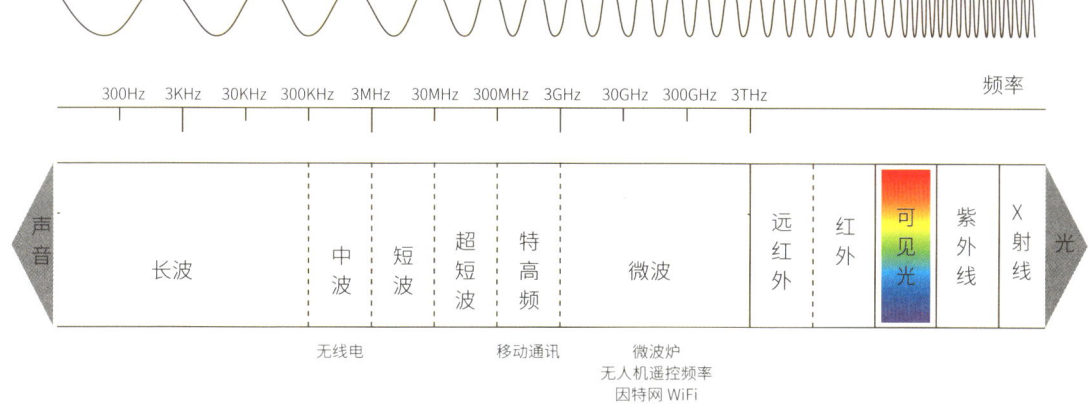

图 3-4

  2.4 GHz（2.4～2.483 GHz）ISM（Industry Science Medicine）频段无线技术，是一种短距离无线传输技术，供开源使用。2.4 GHz 指的是一个工作频段，2.4 GHz ISM 是全世界通用的无线频段，蓝牙技术也在这一频段。2.4 GHz 频段具有更大的使用范围和更强的抗干扰能力，目前广泛应用于家用及商用领域。

同一频段就一定能交流了吗？

  遥控器与无人机使用 2.4 GHz 频段相互通信。但是由于各个厂家所使用的频点不同，无人机起飞前需要先与遥控器对频。

二、

与无人机沟通

　　如果想与无人机沟通，必须使用遥控器与接收机。操控者使用遥控器发出飞行方向的指令，通过无线电波传送到无人机上的接收机，接收机转换成无人机能听懂的语言，迅速传递到各个部件，让它们做出反应，按指令要求控制无人机，从而实现操控者的操作意图。从上述操控过程来看，要与无人机保持良好的对话，遥控器和接收机非常关键。

（一）指挥无人机的工具——遥控器

遥控器是人与飞行器之间的中介设备，遥控器的灵敏性很大程度上会影响无人机的飞行状态，当然，操纵者的操纵水平也是影响无人机飞行状态的重要因素。

如果参加竞技比赛，我们需要使用专业的遥控器。专业遥控器除了具有普通遥控器的基本功能，还需要更多的功能键来满足特定的需求。

遥控器的通道（Channel）

遥控器的通道一般指其控制功能，通道数代表遥控器能控制多少个部件。例如，遥控器的前进和后退使用 1 个通道；左右移动为 1 个通道。一个摇杆一般使用 2 个通道，另外，遥控器上的一个按键一般对应一个通道，我们把只有 4 个基本通道的遥控器称为 4 通道遥控器，有 8 个基本通道的遥控器称为 8 通道遥控器（图 3-5）。当然，4 通道遥控器就能使无人机飞翔，但是多通道遥控器功能更多，能更加精确地操控无人机，做出各种动作，普遍用于竞技比赛，只是它们的价格稍高。

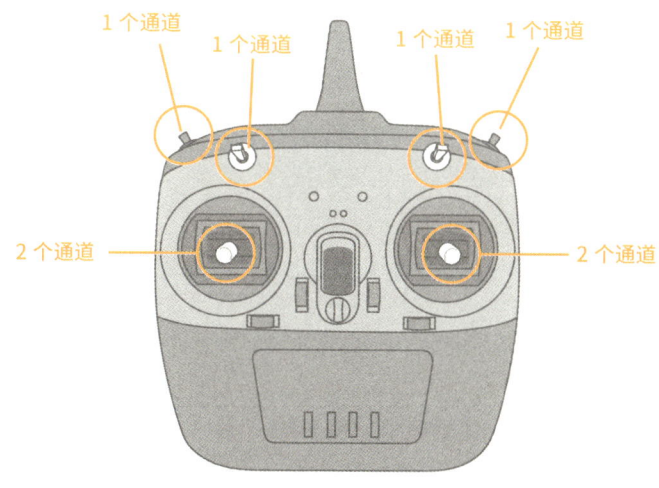

8 通道遥控器

图 3-5

解锁（Arming）

无人机除了四个基本指令，还需要启动或关闭的指令。鉴于无人机飞行速度很快，我们在飞行过程中不知道会发生什么危险，最好有一个按键可以发出"关闭"指令终止飞行，以应对突发情况。这种可以发出启动或关闭指令的键叫解锁（图3-6）。

此外，无人机还需要一两个切换操纵模式或其他功能的通道，所以，我们最好选择至少6通道的遥控器来操纵无人机。通道多的遥控器可以下达很多指令。无人机竞技运动员一般使用的是16通道的遥控器。

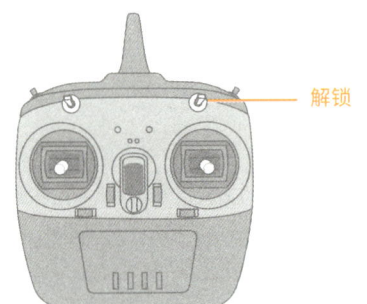 

图 3-6

遥控器的选择

无人机可以进行组装，但遥控器得选择成品。一般来说，功能越多价格越高，所以选择遥控器也需要费点功夫。

能有一款高端的遥控器当然最好了，但我们可以选择一款从初学者到专业人士都能使用的品牌（RadioLink）T8FB型号遥控器来详细了解一下。遥控器的功能大致相同，换新的遥控器也很容易上手。

(二) 使用遥控器操控无人机

遥控器通道位置不同，其操作模式也不一样。遥控器模式指的是遥控器对应无人机的操纵方法。目前，遥控器模式依据四通道的摇杆位置一般分为右手油门（日本手）、左手油门（美国手）和玩具手（中国手）三类（图3-7）。

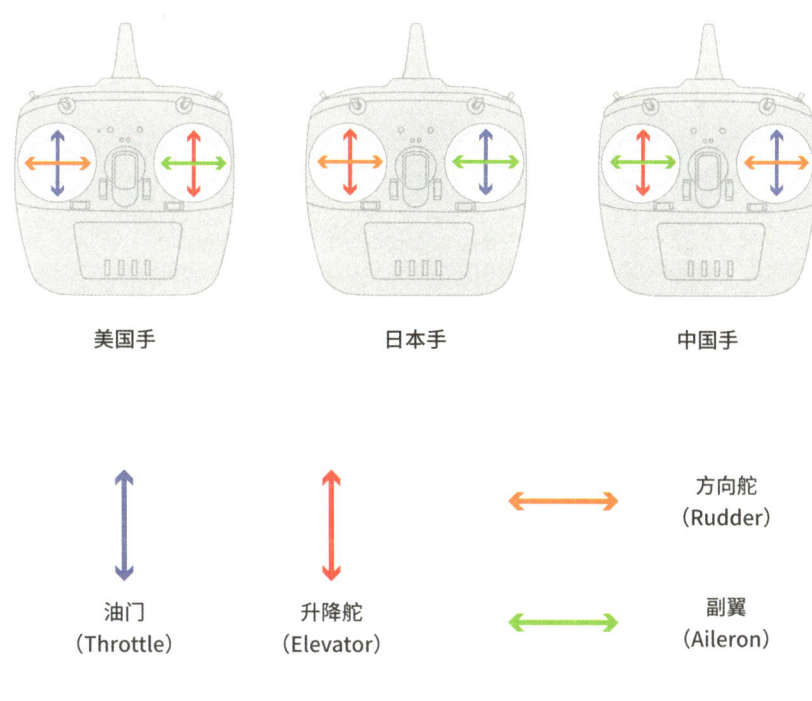

图 3-7

如果换了别的遥控器，首先要确认哪个摇杆在哪个位置，摇杆只是位置不同，它的作用是一样的，快来确认一下自己的遥控器是什么模式吧！

我们在这里使用最普遍的美国手遥控器来说明（图3-8）。

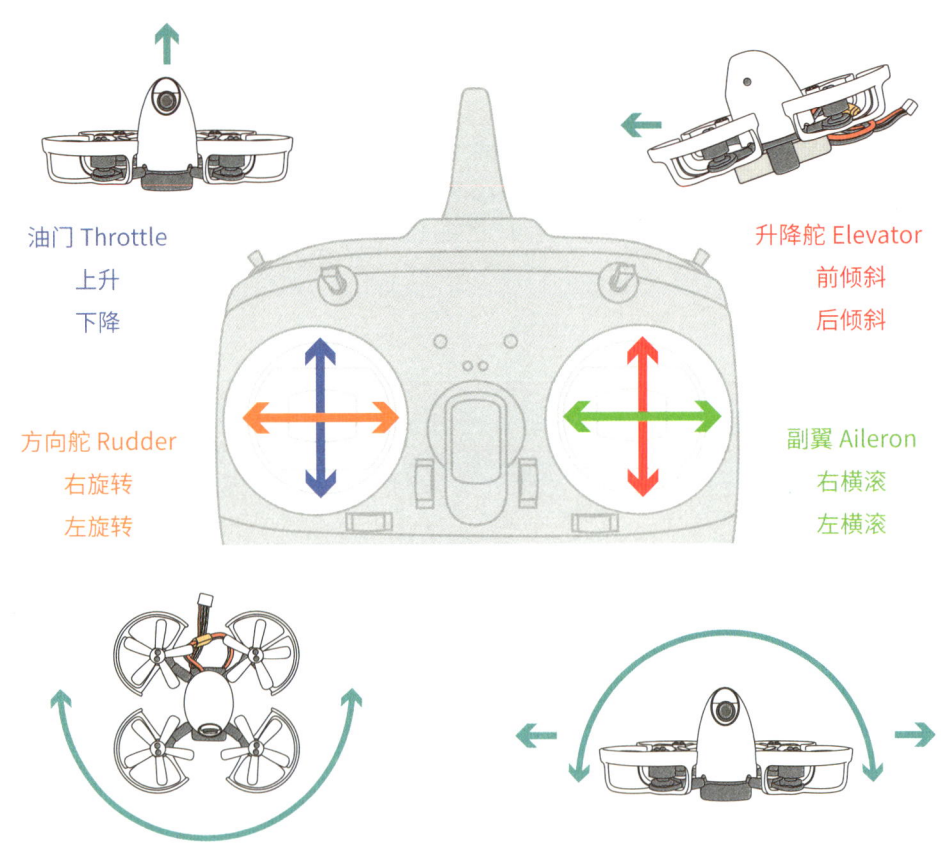

图 3-8

表 3-1 遥控器上的功能键与无人机飞行用语

遥控器	无人机
油门 Throttle ▶	油门 Throttle
升降舵 Elevator ▶	俯仰 Pitch
副翼 Aileron ▶	横滚 Roll
方向舵 Rudder ▶	航向 Yaw

遥控器上的功能键与无人机飞行用语是不一样的。遥控器的功能键是根据机翼命名的，而无人机的飞行用语是以无人机飞行的姿态来命名的。虽然两者飞行姿态相同，但是依据不同，所以名称不同（表 3-1）。

(三) 无人机的耳朵——接收机

当我们推动遥控器的摇杆时，遥控器会将这个动作转换为电波传输给无人机，那么无人机是如何接收电波的呢？无人机专门接收并识别遥控器发出电波的装置就是接收机（Receiver）。

遥控器与接收机的匹配

不同遥控器有各自不同的信号，所以一定要选择能匹配相应信号的接收机。市场上常见遥控器的通信信号如表 3-2 所示。

表 3-2　常见遥控器的通信信号

遥控器厂家		使用信号
福特巴（FUTABA）		SFHSS，FASST，FASSTest
世派（SPEKTRUM）		DSM，DSM2，DSMX
雷神（TARANIS）		ACCST
富斯（TURNIGY）		AFHDS

选择接收机与飞控

遥控器发出指令电波后，无人机的接收机接收并识别这些信号，然后发送给飞控（FC），飞控通过计算给电调发出相应的指令控制电机转速，实现无人机的正常飞行。

组装无人机时，首先要选择与遥控器兼容的接收机，其次要决定是购买集成了该接收机的飞控还是单独购买匹配该接收机的飞控。如果接收机与飞控分开购买，那么两者之间要用三根电线连接，其中两根是电源线（红色和黑色），还有一根信号线（黄色）（图3-9）。

＋ 正极（红色）
－ 负极（黑色）
S 信号线（黄色）

接收机与飞控连接电线共三根，两根电源线（红色和黑色）与一根信号线（黄色）

图 3-9

遥控器和接收机是无人机独立的两个装置，它们之间是怎样连接协调工作的呢？

PWM，PPM 与 S-BUS

无人机的遥控器与接收机的连接，主要存在三种连接方式，分别为：PWM、PPM 和 S-BUS（图3-10）。

PWM（Pulse Width Modulation）的意思是脉宽调制，遥控器及其匹配的接收机的每个通道一一对应，这种连接方式叫 PWM 连接。如果是 6 通道遥控器，对应接收机应该也有 6 个通道。接收机与飞控连接时，除了 6 根通道线，还有 2 根电源线，一共需要连接 8 根电线。如果是 16 通道遥控器，那么一共要连接 18 根电线。使用 PWM 连接，可以很好地抵抗数字干扰，但是使用的电线太多，无人机也会增加相应的重量。

PPM（Pulse Position Modulation）连接是将多个通道的数值一个接一个合并进一个通道，合用一根信号线输出信号的方式，最终飞控按一定规则计算出每个通道的指令。

S-BUS（Serial Bus）。S-BUS 是一个串行通信协议，最早由日本厂商福特巴（FUTABA）引入，随后 FrSky 的很多接收机也开始支持。S-BUS 是全数字化接口总线，数字化是指该协议使用现有数字通信接口作为通信的硬件协议，使用专用的软件协议，信号传输更快，无人机的操控更灵活。

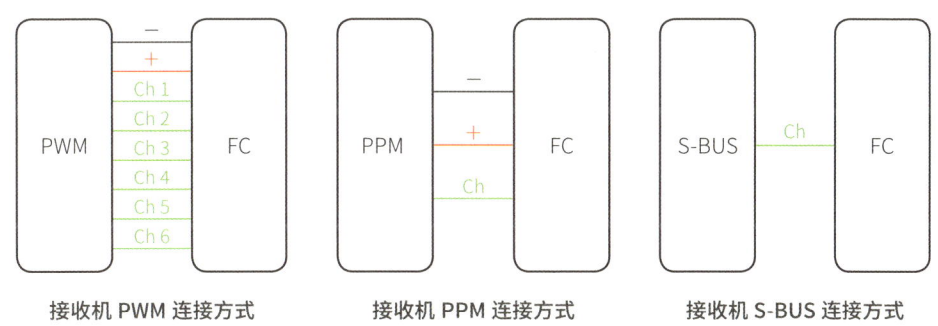

接收机 PWM 连接方式　　　接收机 PPM 连接方式　　　接收机 S-BUS 连接方式

图 3-10

小贴士

. 如果你是固定翼玩家，也无意在固定翼飞机上加飞控，那么 PWM 就可以满足要求。
. 如果玩多轴飞行器，无论是航拍还是穿越，PPM 也足可以胜任。
. 如果你开始追求极限的穿越机体验，那也许你要感受 S-BUS 低延迟带来的优势，但这也意味着需要额外的投入。

（四）遥控器与接收机的连接——对频

在无人机竞速比赛中，一般有多台无人机同时出发，每台无人机对应 1 个遥控器。我们把这种无人机和遥控器一对一连接的动作叫对频（Binding）。

第一次对频

接收机与遥控器必须在首次启动时进入对频模式（Binding Mode），然后选择同一个信号才能完成对频。对频成功的遥控器与接收机只要开启电源就会自动连接，对频模式有按键和不按键两种方法。

> 对频不一定一次就能成功，如果对频失败，我们就需要重头开始。如果无法理解产品说明书，大家可以上网搜索关键字：遥控器或接收机型号加"对频"。

对频模式

在通电的情况下，接收机接收到遥控器发出的信号，此时按下对频键，进入对频模式。如果接收机与 FC 是一体的，连接电池按下对频键即可。如果不是一体的，可以用标明"BIND"的两个接口来代替按键，这时用小镊子按住导电，再接上电池就改成对频模式了。

在无人机中，使用 DSM2 或 DSMX 信号的接收机没有单独的对频键。开启电源自动成为对频模式，周边有等待对频模式的遥控器就可以进行自动对频了，这时开启遥控器摆动摇杆就相互连接了。无人机开启电源时会闪几下，只要摆动遥控器的摇杆，无人机就进入对频模式了。

频段与跳频

大部分的无人机遥控器用 2.4 GHz 频率，无人机竞赛时，如果选手使用了同款遥控器与接收机，那该怎么区分呢？

遥控器与接收机通信用的是 2.4 GHz 频率，准确地说是 2.4 ~2.5 GHz 频率。在这个范围内分出几个通道（Channel），先开启遥控器的人使用前一通道，后开启遥控器的人使用后面空下来的通道（图 3-11）。

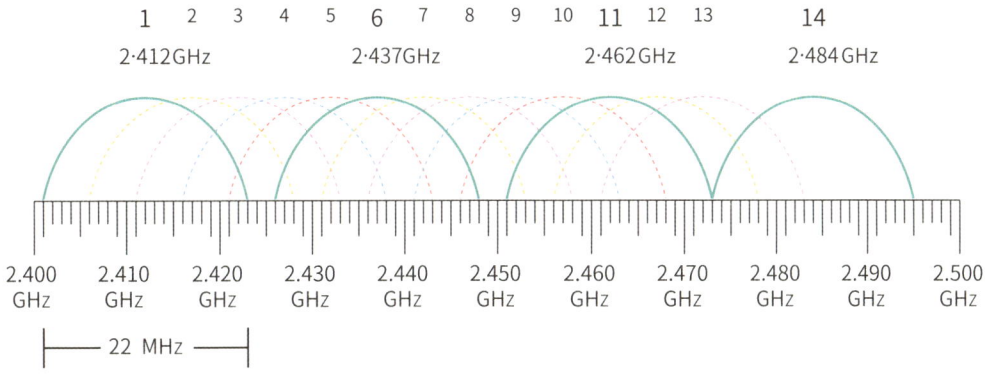

根据频率范围的 WiFi 频段区分

图 3-11

无人机在飞行途中信号减弱或发生异常，会自动切换为通道内信号较好的频率，所以飞行中的无人机传达电波的频率会不断跳变，这种频率不断更换的方法叫跳频（Frequency Hopping）。多台无人机能同时飞行，就是因为在 2.4 ~2.5 GHz 频段中能够分开使用不同的通道。

用无人机看世界

无人机能够在天空中飞翔,如果我们想通过无人机看沿途的风景,则需要给无人机装上眼睛。

（一）什么是 FPV

FPV 是英文"First Person View"的缩写，即"第一人称主视角"。它需要在无人机上安装摄像头并配备图像传输设备，从而实现第一人称主视角飞行。FPV 装置一般分为视频发射装置和视频接收装置。

视频发射装置

视频发射装置直接安在无人机上就可以使用，它将实时拍摄的画面转换成信号发出，进而让操控者看到视频（图 3-12）。

图 3-12

视频接收装置

将视频发射装置发射的信号还原为视频的装置就是视频接收装置,它一般由以下配件组成(图3-13)。

收信天线
接收周边的信号

电池
为FPV视频接收机和显示屏提供电能

视频接收机
将存有风景的电波转换为电信号

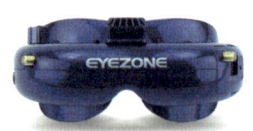

显示屏
将电信号转换为影像

图3-13

现在大多数视频接收装置都会把四个设备集成一体,这样方便携带。这种集成设备一般有以下四种。

(1)显示屏型视频接收装置(图3-14)

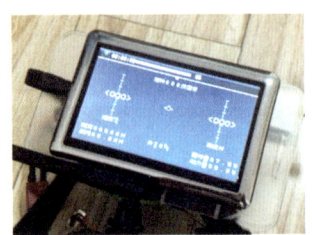

图3-14

这是看FPV飞行视频最简单的方法。一边看显示屏操纵FPV无人机,一边还能抬头确认无人机的位置。一般显示屏上会配置天线,里面有充电电池,不仅能与遥控器绑定,同时还能自动连接视频信号。

（2）盒子型视频接收装置（图 3-15）

图 3-15

把显示屏视频接收装置做成护目镜，戴在头上的盒型产品。佩戴后眼前显示的画面与 FPV 无人机拍摄的画面相同。价格适中，比较常用。

（3）眼镜型视频接收装置（图 3-16）

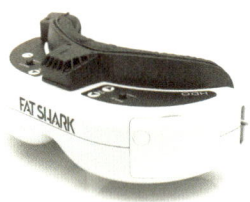

图 3-16

这种装置外观像眼镜，有两块显示屏。体积虽小，但有很多像 3D 画面、转头时无人机摄像头跟着移动等功能，是正式开启 FPV 无人机竞技的产品，但是价格略高。

（4）智能手机连接型视频接收装置（图 3-17）

图 3-17

与智能手机相结合，通过手机画面播放 FPV 视频的方法。

我们了解了视频发射装置和视频接收装置的组成，那么这两个装备是如何传送视频的呢？

(二) FPV 无人机是飞行中的电视台

电视台将要播出的节目通过编辑转换为电波信号后进行传输，远方的电视机通过天线接收并还原成电视视频，我们就能在家收看丰富多彩的电视节目了。FPV 无人机运用了同样的原理将视频画面显现出来。那 FPV 无人机发出的视频大家可以同时看吗？

对准 FPV 无人机发出的电波频率，大家可以收看到同一个画面。像电视台的信号，无论多少人收看都没问题。在无人机竞技赛等特殊场合，选手、裁判，甚至是观众，都能看到 FPV 视频。让我们对准竞技无人机视频信号频率，与选手同步体验更刺激的第一视角吧（图 3-18）！

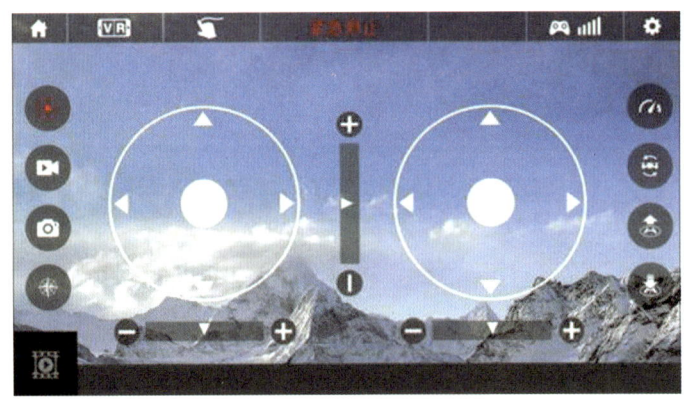

图 3-18

FPV 装置与频率

与无人机遥控器和接收机通信用的 2.4 GHz 频率相比，FPV 装置使用的频率是高两倍以上的 5.8 GHz 频率。它所使用的是固定频率，而不是跳频。

每个 FPV 装置厂家所使用的频率稍有些差异，通常使用 8 通道，把这些通道合并叫频段（Band），每个频段都有各自的频率（图 3-19）。

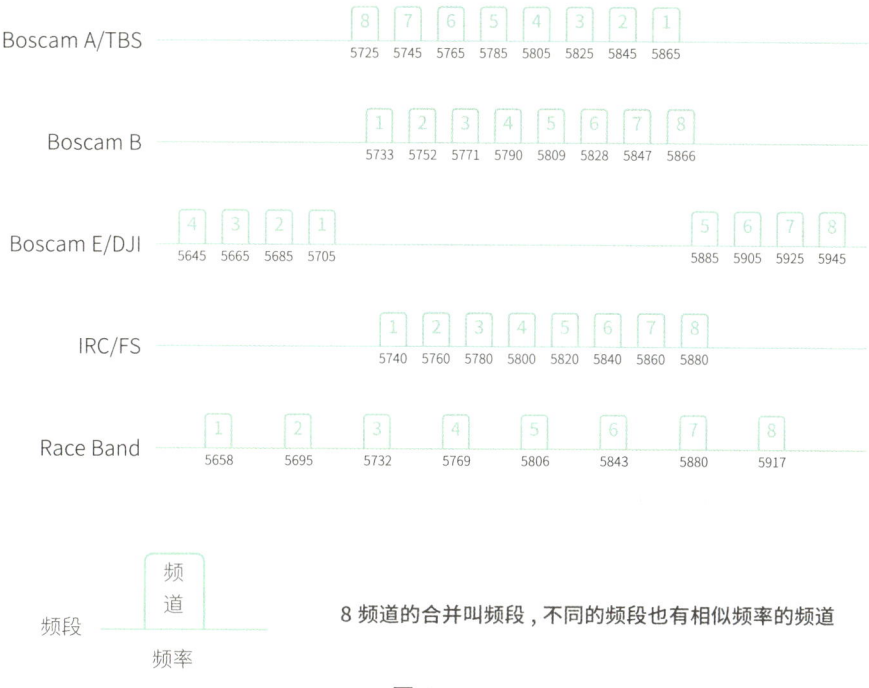

图 3-19

仔细看图 3-19，每个频段的通道间隔各不相同，有的通道还有重复的频率。比如，IRC 频段通道 1 频率为 5.740 MHz，Race Band 频段通道 3 的频率为 5.732 MHz，虽然在不同的频段，但频率相似。如果两台无人机同时出发，一台用 IRC 频段的通道 1，另一台用 Race Band 频段的通道 3，这样会发生什么呢？

如果两台无人机用相似的频率进行 FPV 飞行的话，视频画面会重叠或只能看信号强的视频，犹如闭着眼睛操纵，这样非常危险。所以，与朋友们一起玩无人机的时候首先要确定好各自使用的频段，不然 FPV 画面上的视频是自己的还是朋友的就弄不清楚了，这样很容易造成危险。

正在飞行中的无人机，碰到别人刚启动 FPV 装置时也会发生这种情况。飞行中的 FPV 无人机视频信号没有准确传给飞手，而是传给后启动无人机的飞手，所以当别人正在飞行的时候，中途不要开启自己的设备，直到飞行结束。

（三）一起体验 FPV 的乐趣吧

跟手掌一样大的装置堪比电视台和电视机，想想就觉得新奇。了解了 FPV 装置后，现在就来试一试吧！先准备好 FPV 显示屏还有电池。

（1）FPV 装置测试（图 3-20）

给 FPV 装置装上电池，确认摄像机电源是否正常开启。FPV 装置可以使用无人机所用的 3.7 V 电池。注意不要接错正负极电线及连接电压高于 5 V 的电池。

图 3-20

（2）选择传输视频的通道（图 3-21）

现在来选一下传输视频的通道吧。FPV 装置有多个按键选择通道的产品，还有一键选择通道的产品。一键选择通道的产品需反复按同一个键，直到找到适当的通道为止。因每个产品调频方式不同，购买后要仔细阅读产品说明书。

按键型

用一个按键调换 LED 灯位置，设置 Band 和 Channel。按键时间长，移动的是 Band 标示灯；按键时间短，移动的是 Channel 标示灯。

图 3-21

(3)确认护目镜的信号接收(图3-22)

现在,确认下FPV装置传输的视频效果。开启护目镜的开关,手动按键调频或自动搜索,就像使用电视机的遥控器。每个护目镜的调频方式都不同,需仔细查阅说明书确认。

图3-22

(4)适用于玩具无人机(图3-23)

所谓FPV无人机,就是安装FPV装置的无人机,即只要装上FPV装置,任何无人机都能称为FPV无人机。在平时飞行的玩具无人机上装微型FPV装置也能体验FPV的快感。

图3-23

小贴士

FPV装置有一定的重量,会对无人机的飞行产生一定影响。

微型FPV装置不超过5g就没有问题。试一下用双面胶把FPV装置粘在无人机中间(电池也要粘住,因为启动装置还需要电池),无人机飞起来了吗?如果飞行成功,那我们来体验一下FPV无人机吧!

总结与思考

第一部分介绍了电波的概念、分类及与无人机沟通的电波频率。知道了无人机使用的电波频率为 2.4GHz。

第二部分学习了遥控器和接收机工作的基本原理及操作方法，了解了无人机与飞手的沟通方式。

第三部分介绍了 FPV 的定义、FPV 装置的组成及工作原理。FPV 装置使用的频率是 5.8 GHz 的固定频率，每个 FPV 装置厂家使用的频率稍有差异，通常用 8 通道，把这些通道合并叫作频段。每个频段都有自己的频率。

第四章
组装无人机

一、组装无人机

二、配置无人机

一、

组装无人机

到目前为止,我们学习了无人机的所有配件和运行原理。下面让我们亲手组装一架无人机吧!

第四章　组装无人机

(一) 合理安排安装位置

在正式组装无人机之前,我们先思考一下无人机的配件应该装在什么位置,一起来看看吧!

飞控的位置

飞控里面有加速计和陀螺仪,一般安装在飞行器的重心上。大部分四旋翼无人机的重心位于机架的中间,所以飞控最好安装在机体的中间位置(图4-1)。

图 4-1

图 4-2

接收机的位置

接收机在哪个位置好呢?其实它在什么位置都可以。不过接收机上面的天线最好放在显眼的位置,让飞手可以轻松地看到(图4-2)。

小贴士

机架的制作材质——碳纤维具有导电性质,能够吸收无线电波。如果碳纤维机架遮住天线,无人机可能会因为无法接收信号而混乱飞行。

摄像头的位置

FPV无人机的摄像头通常装在机体中上部,以免被螺旋桨遮住视线,即使碰撞或坠落也不会破损(图4-3)。

图 4-3

电池的位置

无人机配件里最重的是电池,如果安装不合理,就会影响无人机的平衡。一般来说,无人机的重心应该在中间。由于电池是无人机最重的配件,我们可以通过改变电池的安装位置来寻找无人机的平衡。例如,如果把FPV装置装在了前面,无人机的前面就会重一些,那么电池装在靠后的位置就能保持无人机整体的平衡(图4-4)。

图 4-4

小贴士

如何固定电池

电池需要经常拆装以便于充电,因此既要考虑到飞行过程中不易脱落,也要考虑到平常拆装方便,所以通常用松紧带或用粘扣固定。

(二) 组装无人机

了解了所有配件的安装位置，我们就可以动手组装属于自己的酷炫的无人机啦（图4-5）！

材料准备

1. 护框 4 个
2. 信号线
3. 螺旋桨 4 个
4. 飞控
5. 电调
6. 摄像头
7. 电池
8. 机架
9. 粘扣
10. 电机 4 个
11. LED 灯
12. 外壳

图 4-5

一起来动手吧（图 4-6~ 图 4-14）！

> 第一步，将电调叠放到机架上。

图 4-6

> 第二步，将电机和保护框一起安装到机架上。

用螺丝将电机和保护框固定之后，再用胶带将电线缠在机架上。

图 4-7

> 第三步，用电烙铁将线头与电调连接。

电烙铁加热后的温度很高，一定要注意不要烫到手！

图 4-8

第四步，用信号线将电调和飞控连接，叠放到一起。

图 4-9

第五步，将 LED 灯接到飞控上。

连接好飞控和 LED 灯板后，将灯板叠放在飞控上，并用螺母固定。

图 4-10

第六步，将摄像头固定在外壳上。

将摄像头放到外壳的洞里，用螺丝固定，再接到飞控上。

图 4-11

第七步，将装好摄像头的外壳装到底板上，用螺丝固定。

图 4-12

第八步，将 4 个螺旋桨分别用螺丝固定到电机上。

第九步，用粘扣将电池固定在机架下方。

图 4-13

图 4-14

  无人机组装好了，但还没有结束，现在这个无人机就像刚出生的婴儿，识别不了操控者发出的信号，听不懂指令，不知道怎么转动，所以，在学会无人机飞行方法之前不要连接无人机的电池。

二、
配置无人机

刚制作出来的无人机什么都做不了，我们需要赋予无人机生命，让它听得懂、飞得动。接下来，我们就来学习一下如何赋予无人机生命。

飞控是无人机的大脑，它负责收集遥控器命令和传感器信息。在飞行过程中，飞控需要在瞬间完成对电机运转方向和速度的计算，根据指令调整飞行姿态。比如：操控者想让无人机飞高一点，那么就需要足够的升力，飞控必须指挥 4 个电机同时提供相同的动力，否则就会产生升力不均衡的现象，无人机就无法升高。

控制电机转速的原理

飞控通过电调来控制电机的转速，螺旋桨如果转得太快，电调就会控制电机转慢一点，反过来也一样。控制速度的原理就像大家在洗澡过程中调节水温一样。

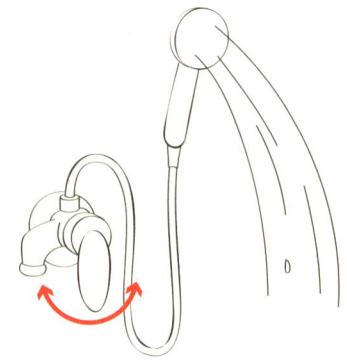

配置软件

Cleanflight、Betaflight、Raceflight 是配置无人机的代表性软件，可以通过互联网免费下载使用。下面我们主要介绍 Betaflight，因为它是穿越机选手们使用最多的软件。

设置 Betaflight

Betaflight 可以设置无人机运行参数。但是在开始使用前，为防止电机异常启动带来的危险，应把螺旋桨从电机上拆卸下来。那我们现在开始设置吧！

第四章　组装无人机

第一步，进入主页。

连接无人机飞控与电脑的 USB 接口，执行 Betaflight 程序，然后点连接按钮就可以连接电脑和无人机了（图 4-15）。连接成功以后就可以调整飞控的详细参数选项。画面左端的菜单会显示具体的配置功能选项。

Betaflight 主页

图 4-15

小贴士

在购买无人机的飞控之前，必须确定飞控的驱动程序从哪里可以下载。如果驱动程序正常安装，电脑和飞控就会自动连接。

第二步，设置。

设置菜单中的校准选项负责校正安装在飞控上的传感器，保存设置及恢复备份设置也在这里进行。如果 Betaflight 能正常安装，初始画面会出现一个无人机（图 4-16）。这时无人机可以通过飞控内的传感器与屏幕上的无人机做出相同的移动。把无人机放在平坦的位置，按下加速度计校正按钮，就可以看到画面中的无人机会像真的无人机一样找均衡。这个时候无人机就可以知道哪个方向是陆地。如果无人机没有保持平衡的话，选择 Z 轴初始化，选择 0°按钮开始。

图 4-16

第三步，端口。

端口设置选项是确定飞控与其他部件如何连接的设置（图 4-17）。飞控可以通过 USB、UART1、UART2 等连接方式与其他部件连接。接收机如何与 UART 口连接可以参考飞控说明书。连接到 UART 接收机需要选择 Seleal RX，会显示接收机与 UART 已连接。

图 4-17

> 第四步，环境设置。

环境设置是设置无人机类别、接收机型号、电机参数及一些基本功能的地方（图4-18）。我们一起来看看怎么设置无人机的基本功能。

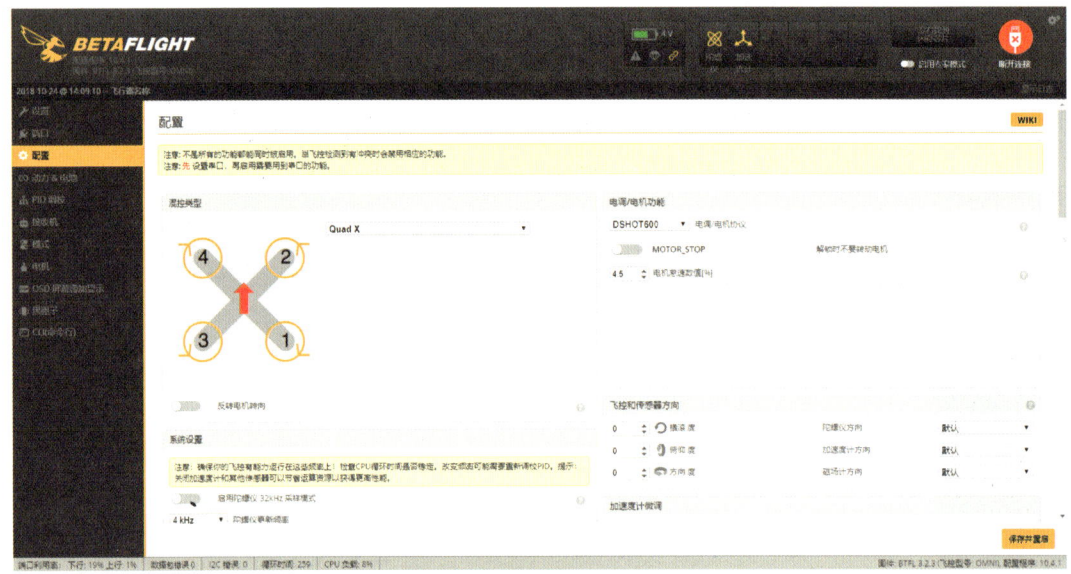

图 4-18

混合菜单

在混合菜单中选择无人机类别，我们选择 Quad X，也可以向逆方向来改变电机方向（图 4-19）。

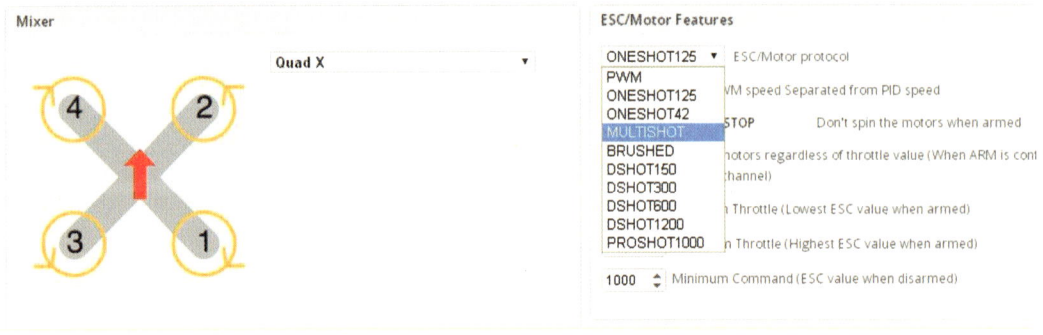

图 4-19

第四章 组装无人机

电调 / 电机参数

设置电机怎么旋转，电调 / 电机参数中"BRUSHED"对应使用该型号电机的无人机，其他是穿越机电机选项。"MOTOR_STOP"是指启动时不让电机转动（图 4-20）。

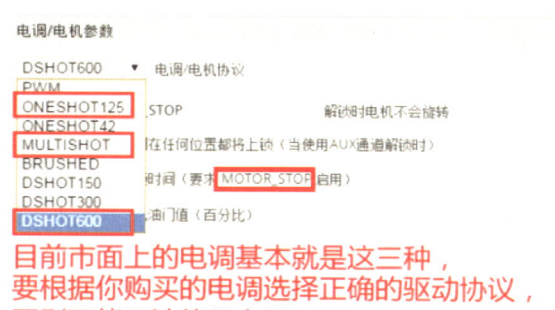

图 4-20

面板及传感器的排列

无人机的飞控上有指示无人机的三角形或箭头（图 4-21）。如果飞控指示的正北方向和无人机的正北方向相同，就不用改变软件原来的设置。如果不一样的话，要在"面板及传感器的排列"菜单中选择往哪个方向旋转对应的度数（图 4-22）。

图 4-21

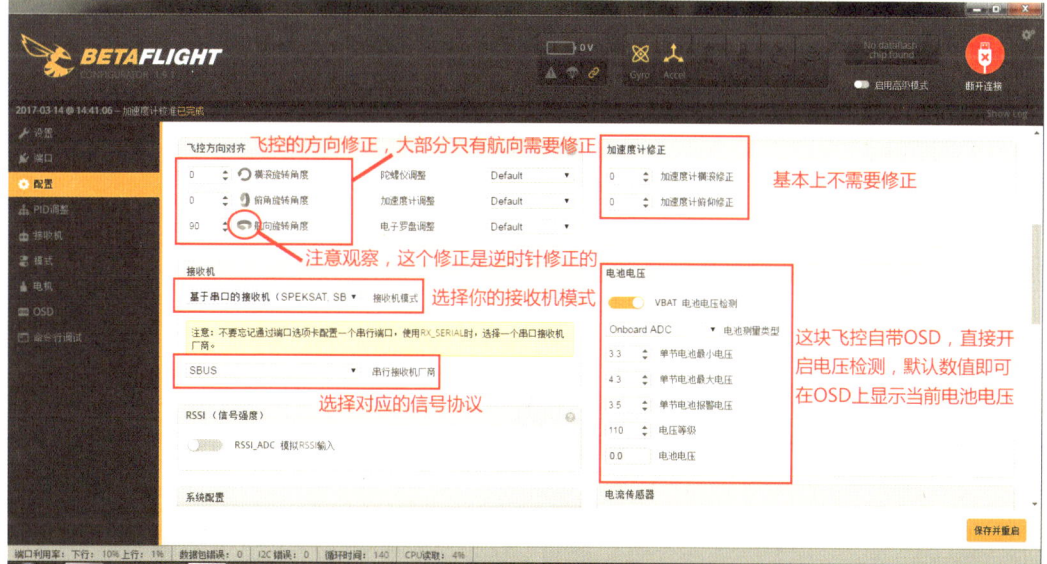

图 4-22

接收机

连接接收机和飞控的方法有很多。在接收机模式中选择用哪个公司的接收机，就在下面的窗口中选择以什么方式连接（图4-23）。因为每个接收机都不同，所以可以参考说明书。

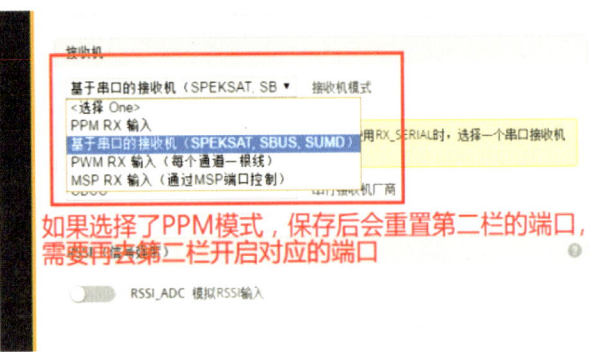

图4-23

其他的设置菜单

无人机中还有一些有助于飞行的功能（图4-24）。

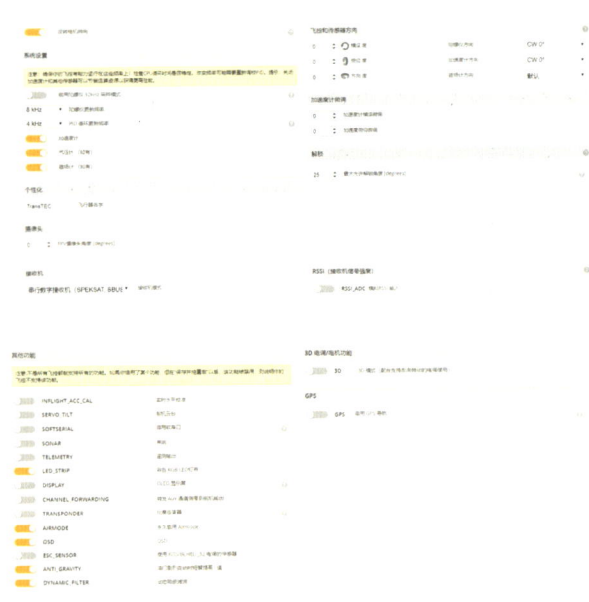

图4-24

系统环境设置：
传感器与系统的交换速度设置及传感器的开关。

加速度计调整：
操纵加速度计的感知方向。

个性化：
输入机体名，在FPV画面中标出机体名。

相机：
翻滚转动和偏航转动时把FPV相机放置到中心。

RSSI（信号强度）：
选择是否测定遥控器的传输速度。

3D ESC/电机功能：
能使电机逆方向旋转。

GPS：
选择GPS传感器的动作。

其他功能：
选择LED与超音波传感器等其他功能。

蜂鸣器设置：
决定蜂鸣器的状况。

第五步，接收机。

现在可以进入接收机菜单，确认遥控器与无人机是否连接（图 4-25）。频道图可以设定操纵手柄和开关的顺序。"AETR1234"是设置遥控器的第一通道为"Roll"，第二通道为"Pitch"。1，2，3，4 可以把遥控器的通道连接到无人机的各个功能上。为确定是否正常移动必须启动接收机，所以需要连接电源。连接电源后移动遥控器的摇杆，则画面上的曲线图会随之移动。如果不同步，可以用键盘以其他顺序输入。别忘了按最下面的"保存及重新启动"键。

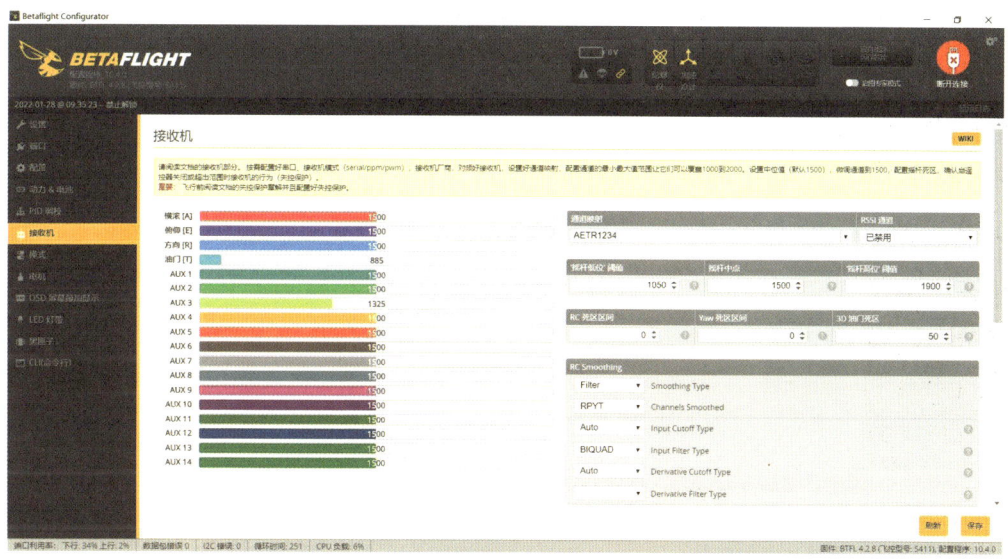

图 4-25

以下是遥控器的首字母：

"AETR"
A:Alieron
E:Elevator
T:Thtottle
R:Rudder

以下选项可以将遥控器设置得更加灵活：

RSSI 通道：设置遥控器发射强度。
低极限值 / 均值 / 高极限值：设置遥控器输入值的范围。
RC 死区 / 偏航死区 /3D 死区：设置遥控器抗噪参数。

第六步，模式。

模式是飞控设置的开关 1，2，3，4 上放什么功能的地方。为避免无人机意外启动而造成损伤，设置了解锁键叫"ARM"，按旁边的三角按钮出现下拉菜单，选择设置为通道 1（AUX1），然后如图 4-26 所示，将各个通道的滑块移动到标记的位置即可。设置完毕后按最下方的"保存及重新启动"键。

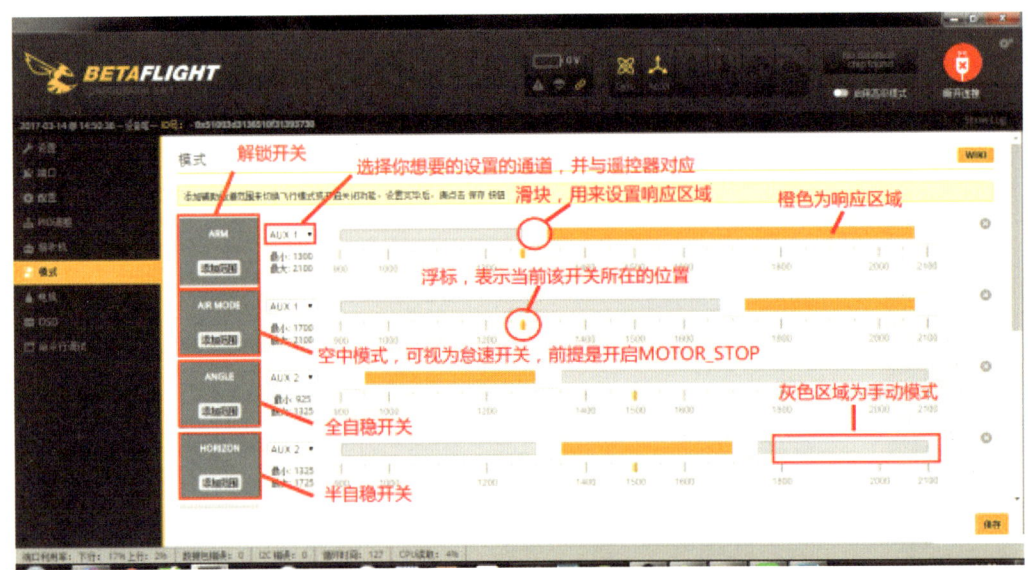

图 4-26

ANGLE: 自稳模式，摇杆回中后自动保持水平。
HORIZON: 介于全手动与自稳之间，摇杆回中时保持当前状态。
HEADFREE: 无头模式，例如，在解锁前，方向与控一致时，解锁后，无论如何自旋，控的方向与解锁前一致。
HEADADJ: 重新指定无头模式的方向，需看清当前的头尾方向，按当前方向确定无头模式。
BEEPER: 启动蜂鸣器。
BLACKBOX: 保存飞行情报。
FAILSAFE: 紧急迫降。
AIRMODE: 在低油门下控制姿态。
FPV ANGLE MIX: 使 FPV 相机在翻滚转动中保持中心位置。
CAMERA CONTROL: 启动追加影像摄影相机功能。
PREARM: 设置为双重安全开关。

第四章　组装无人机

第七步，电机。

在电机栏可以模拟电机旋转方向、旋转速度（图4-27）。在无人机连接电源后，按右下"我已明白风险，并已经移除所有螺旋桨—启用电机控制"的开关，根据不同的电机向上滑动可确认该电机是否转动。

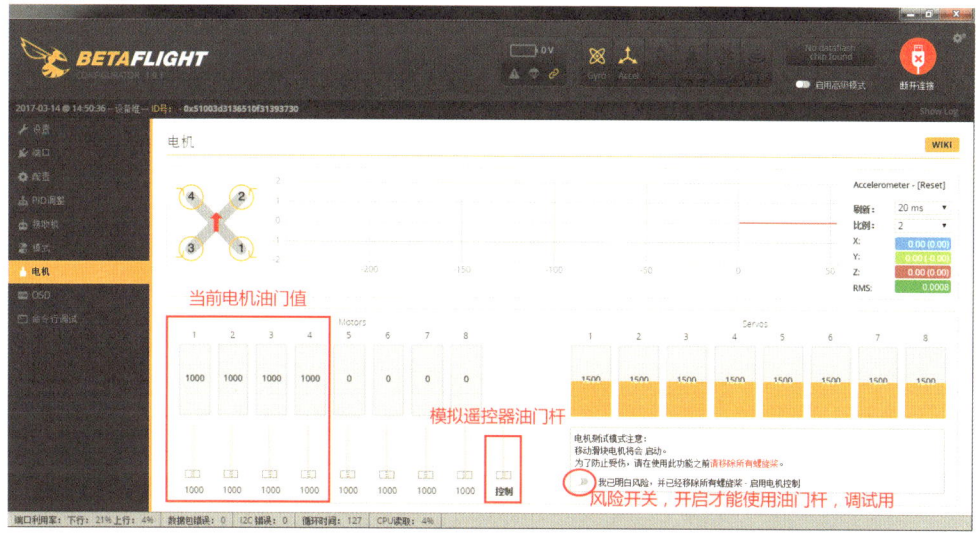

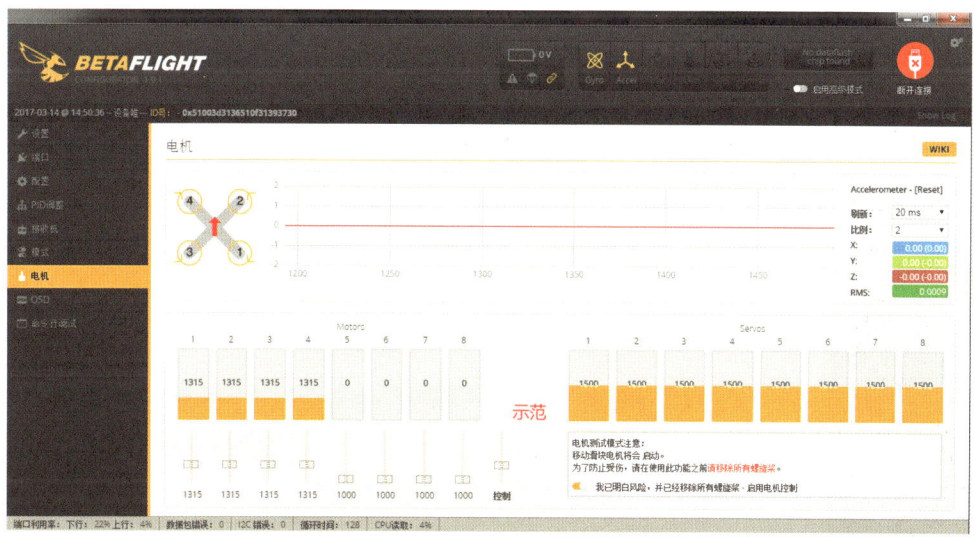

图4-27

第八步，其他。

动力和电池

设置监控电池电压和电流的具体选项（图 4-28）。

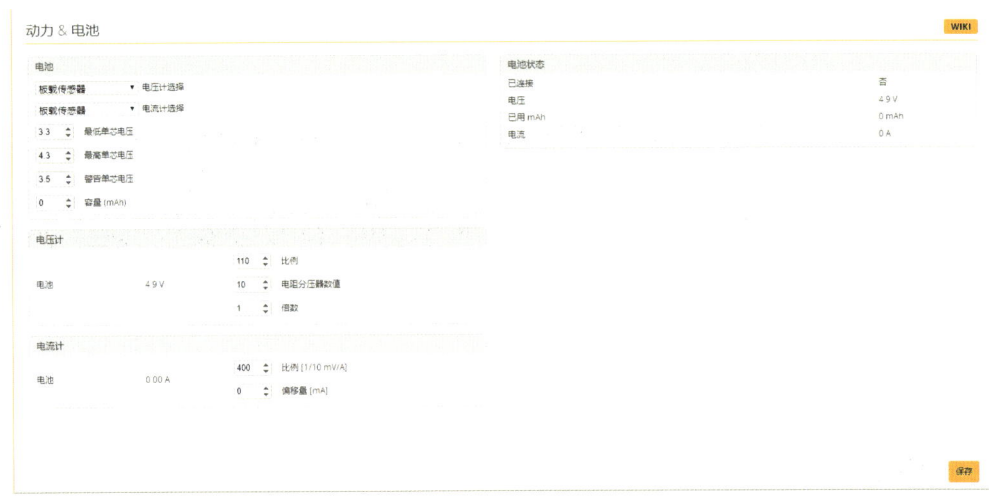

图 4-28

PID 调整

精确设置无人机的控制参数，通过调整滤波参数、比率、旋转速度和 Expo 值来设置操纵敏感度（图 4-29）。

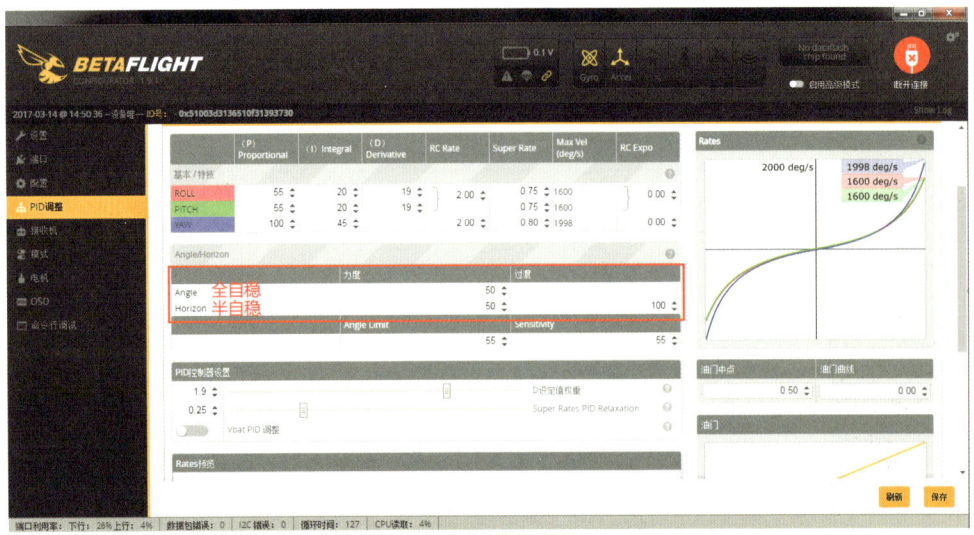

图 4-29

黑匣子
设定飞行情报保存选项,把记录的信息保存到电脑里(图4-30)。

图 4-30

CLI
通过命令行进行参数设置(图4-31)。

图 4-31

专家模式

画面右上方有确认传感器启动的窗口和开启专家模式的开关,开启后能进行更为细致的调整(图 4-32)。

图 4-32

失控保护: 当机载接收机无法收到遥控信号或遇到其他异常时,设置飞控如何处理。
日志: 把飞控数据记录到文件。
伺服系统: 设置特殊功能。
传感器: 监视 FC 上的传感器数据。

如果想使用最新的固件（Firmware）

- 虽然一般的飞控已经安装 Betaflight，但是如果没有安装或想安装更加完善的 Betaflight，可以在 Betaflight 的初始画面上选择 Firmware flash（图 4-33）。
- 选择使用的飞控种类。
- 选择安装的固件版本。
- 可以按 Firmware log（online）键下载固件。
- 下载完成后，左边的 Firmware flash 按钮会激活。按下这个按钮可使选择版本的固件安装到 FC。

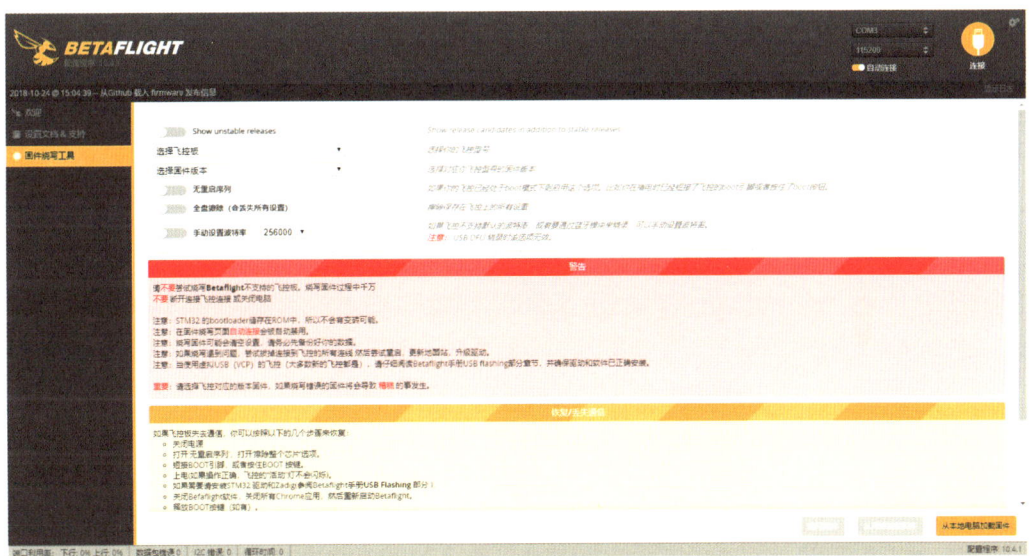

图 4-33

Betaflight 的功能会持续更新、删除或再生。我们可以在 http://github.com/betaflight 下载最新的 Betaflight configurator。

总结与思考

第一部分学习了无人机各部件的组装位置及组装步骤。

第二部分学习了应用软件调节无人机的飞控、电机、接收机等各个部件。

第五章
放飞无人机

一、让你的无人机起飞吧

二、飞行训练

三、无人机竞技

一、

让你的无人机起飞吧

配置完无人机的参数,无人机就可以开始飞行了,不过操控技术的好坏直接影响无人机的飞行状态,所以接下来我们一起学习基本的飞行技术吧!

无人机的基本飞行技术

无人机通过螺旋桨的升力飞上天空，稍微改变向上升的力就能让无人机往想要的方向飞行。根据升力方向的不同，无人机能做出不同的动作，每个动作都有其特定的名称。

四个螺旋桨提供相同的升力并保持平衡就能使无人机向上升起（图 5-1）。在不同的环境下，无人机螺旋桨就算以相同速度旋转，提供的升力也不一定相同，所以无人机为保持平稳向上升起需要进行复杂的计算，以计算出四个螺旋桨相应的旋转速度。即使是我们感觉不到的微小气流变化也会使无人机倾斜，这时候就要靠飞控精确地计算，从而保证无人机平稳地飞行。

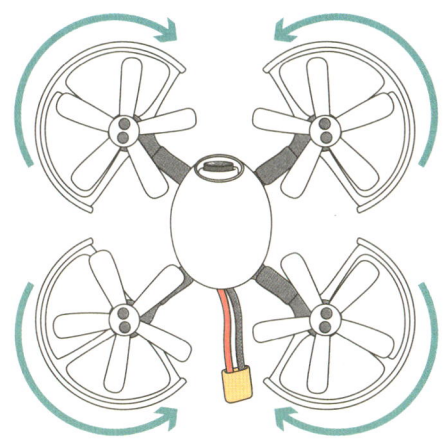

四个电机为了时刻保持无人机平衡，按飞控指令实时变化速度

图 5-1

遥控器的握杆方式

遥控器常规有两种握杆方式，"大拇指压杆"（图5-2a）及"食指与拇指捏杆"（图5-2b），有时候还可以两者混合使用（图5-2c）。它们并没有好与坏的区别，只是个人的习惯不同而已。

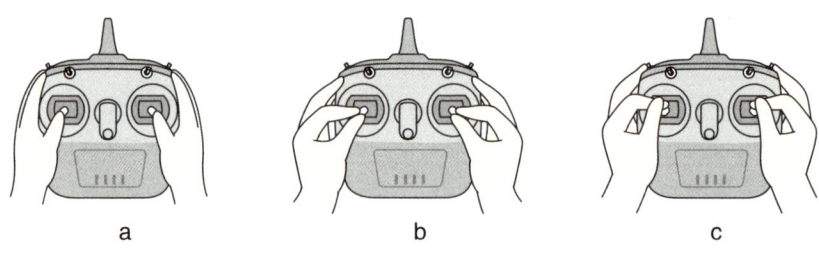

图 5-2

以美国手左手油门为例：左手向前向后打杆分别控制油门高低，为"油门通道"，左手向左向右打杆分别控制飞机机头水平旋转向左转向右转，为"方向通道"；右手向前向后打杆分别控制飞机向前移动和向后移动，为"俯仰通道"，右手向左向右打杆分别控制飞机向左飞行与向右飞行，为"副翼通道"（图5-3）。

所以操作四轴飞行器的遥控基础通道为4个通道，分别为油门、方向、俯仰（升降）、副翼（"升降通道"一般在固定翼中表达）。

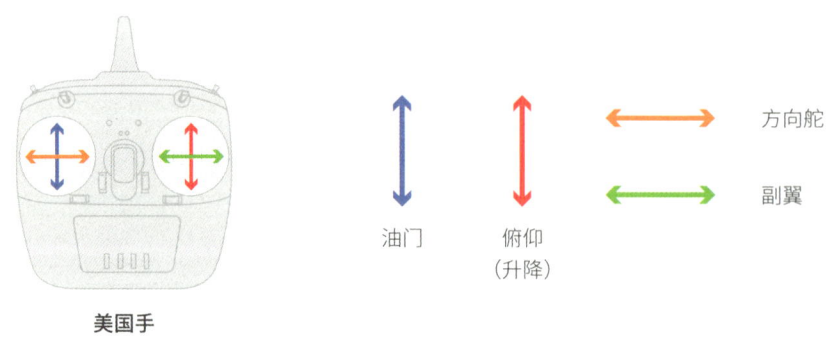

图 5-3

第五章　放飞无人机

无人机之所以能上下左右随意地飞行，是因为我们熟练地推动了遥控器上的摇杆。仔细观察无人机改变方向的动作，发现一共有四种姿态。

上下 Throttle

操作无人机最基本的动作是向上稳定升起，就是说四个螺旋桨同时产生相同的升力，使无人机保持平稳并做出升起的动作。

遥控器中能使无人机上升下降的摇杆叫作油门摇杆
- 向上推油门摇杆，无人机就会升起（图 5-4）。
- 在升起的状态下把油门摇杆放在中间的位置，无人机就会停在半空中，这个动作叫作悬停。
- 慢慢降低油门摇杆，无人机会缓慢下降。
- 快速推动油门，无人机也会快速升起，把油门摇杆降到最低就会使螺旋桨停止转动，无人机会快速下降。

初学无人机飞行时需要慢慢适应操纵油门摇杆，以免发生碰撞或坠机。

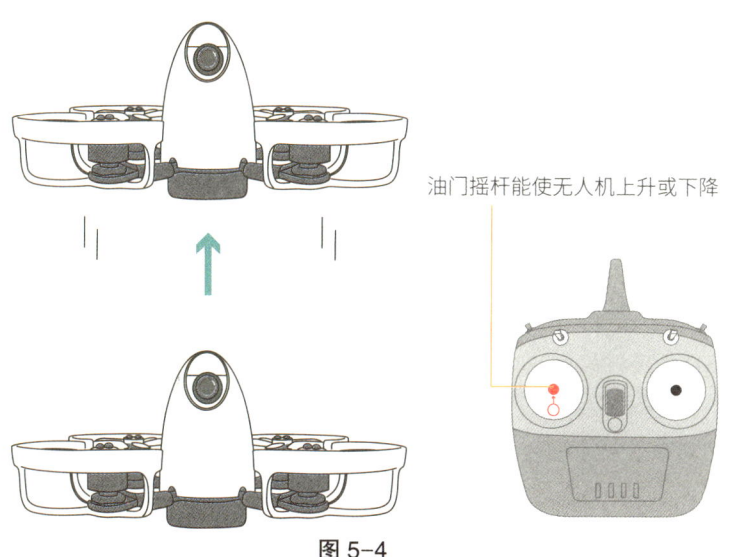

图 5-4

俯仰 Pitch

俯仰指的是无人机向前或向后的动作，通过这种动作可以使向上的力转变为向前或向后的力，从而使无人机前进和后退（图 5-5）。

如果后面的两个螺旋桨比前面的螺旋桨转速更快，就会得到更大的升力，那么无人机就会向前倾斜，同时向上的一部分力转变成向前的力使无人机前进。

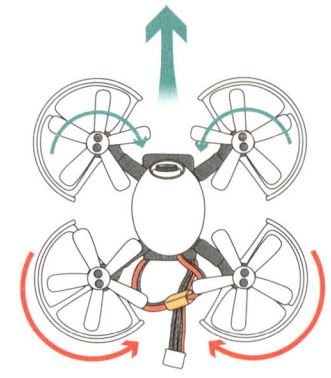

为了实现俯仰，前面的两个螺旋桨或后面的两个螺旋桨必须以更快的速度旋转

图 5-5

负责俯仰动作的遥控器摇杆叫作升降舵摇杆，把遥控器的升降舵摇杆向前推就可以实现向前俯仰（图 5-6）。

- 向前推升降摇杆（升降舵）能使无人机向前做俯仰前进。
- 向后推升降摇杆（升降舵）能使无人机向后做俯仰后退。

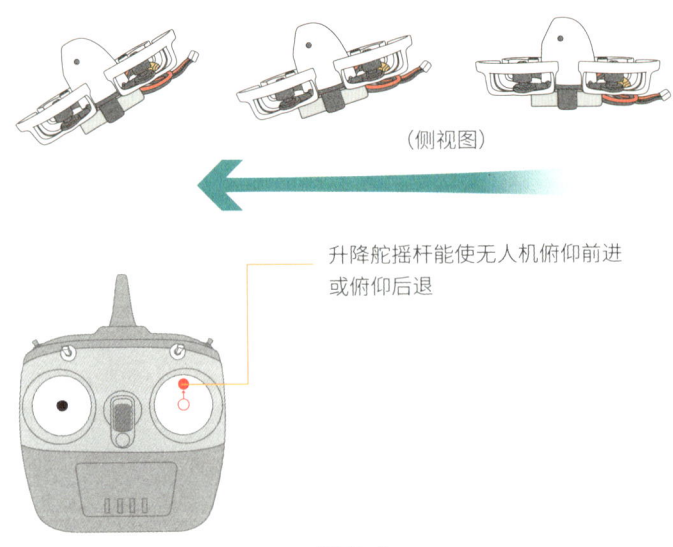

（侧视图）

升降舵摇杆能使无人机俯仰前进或俯仰后退

图 5-6

横滚 Roll

横滚能使无人机向左或向右倾斜移动。通过这个动作可以使向上的力转变为向左或向右的力,从而使无人机向左或向右移动(图5-7)。

如果右边的两个螺旋桨比左边的两个螺旋桨转速要快,无人机就会向左倾斜,同时右边向上的力一部分转变为向左前进的动力,无人机就会向左前进。

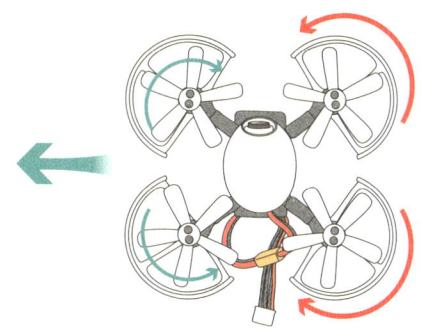

为了实现侧向移动,无人机一侧的螺旋桨转速必须高于另一侧

图 5-7

负责侧向移动的遥控器摇杆叫作副翼摇杆,只要推动遥控器的副翼摇杆,无人机就可以实现侧向移动(图5-8)。

- 向右推副翼摇杆,在后方观察无人机是顺时针向右移动。
- 向左推副翼摇杆,后方观察无人机是在逆时针向左移动。

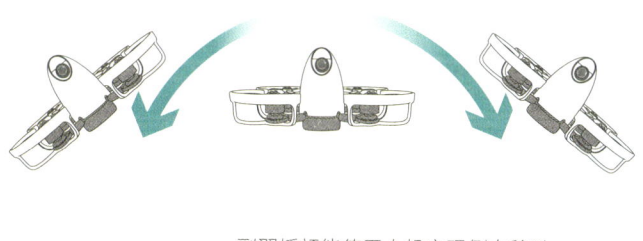

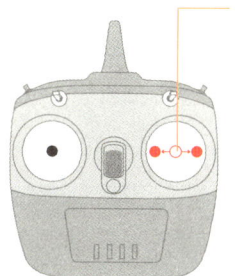

副翼摇杆能使无人机实现侧向移动

图 5-8

航向 Yaw

航向是指无人机通过螺旋桨旋转产生的反作用力,水平进行顺时针或逆时针旋转的动作(图 5-9)。

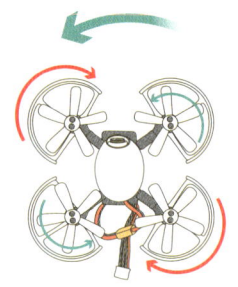 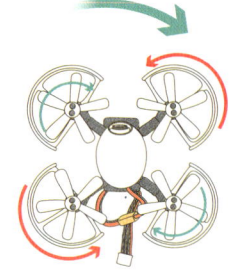

让顺时针旋转的螺旋桨加速旋转,无人机就会逆时针旋转

让逆时针旋转的螺旋桨加速旋转,无人机就会顺时针旋转

图 5-9

四轴螺旋桨飞行器上有两个顺时针旋转的螺旋桨与两个逆时针旋转的螺旋桨,如果顺时针旋转的螺旋桨转速更快,无人机就会产生逆向反推力并开始逆时针旋转,同理,如果逆时针旋转的螺旋桨转速更快,无人机就会开始顺时针旋转。我们把无人机向左或向右的旋转称为左右旋转(航向旋转)。

负责航向旋转的遥控器操纵杆叫作方向舵杆,把方向舵杆向左或向右移动,无人机就会逆时针或顺时针旋转(图 5-10)。

- 把方向舵杆推向右侧,无人机就会顺时针方向进行舵向旋转。
- 把方向舵杆推向左侧,无人机就会逆时针方向进行舵向旋转。

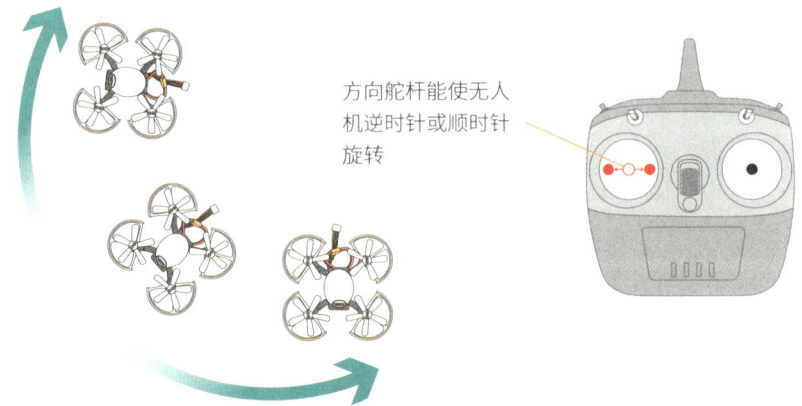

方向舵杆能使无人机逆时针或顺时针旋转

图 5-10

二、

飞行训练

FPV 无人机的操控方法大致分为两种：裸眼操控无人机的叫作目视飞行，也叫 LOS（Line Of Sight）飞行，戴上 FPV 眼镜操控无人机的叫作 FPV（First Person View）飞行。与目视飞行不同，FPV 飞行时是通过 FPV 画面来操控无人机的，操控方向不会发生任何改变。

(一) 目视飞行训练方法

起飞

握紧遥控器，飞机放在身体前 3~5 米处，机头向前，双眼目视机尾，切记不要目视机头！左手缓慢推动油门，右手控制飞行姿态，起飞高度达到 1.5 米后，左手缓慢向下收油门让飞机缓慢安全降落，直到平稳降落后方为合格。

对尾悬停

悬停（Hovering）是把无人机停在半空中的基本飞行技术。无人机机尾对准操控者的悬停，称为对尾悬停（图 5-11）。由于无人机相对轻盈，在风中保持悬停并不那么容易，所以需要操控者持续操控副翼摇杆和升降舵摇杆。

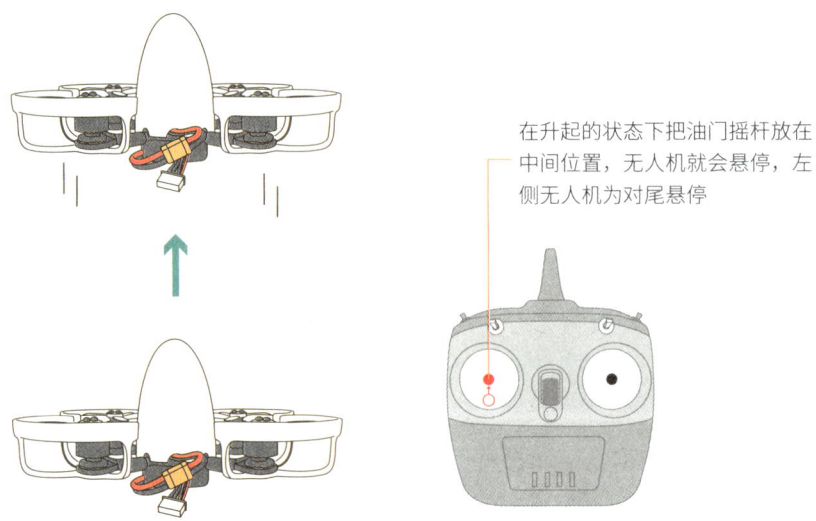

在升起的状态下把油门摇杆放在中间位置，无人机就会悬停，左侧无人机为对尾悬停

图 5-11

第五章 放飞无人机

在没有风的时候,推油门摇杆至中间,无人机就会处于悬停状态。如果无人机没有悬停,同时机体往一个方向倾斜,很可能是因为无人机的重心没有校准、螺旋桨有损坏或是电机出现了故障。为了解决这些问题,遥控器添加了配平功能。配平功能主要用来调整遥控器摇杆的中间位置。如果无人机悬停位置向右移动,操控者会把副翼摇杆向左调整,直到无人机处于悬停状态后,再把副翼摇杆下面的配平开关向右移动到摇杆位置,副翼摇杆配平完成。升降舵摇杆也可以用相同的方法来调整配平开关。

对头悬停

无人机机头对准操控者的悬停,称为对头悬停。在 LOS 飞行中,如果把无人机的机头放反,操控就会十分困难,因为无人机俯仰、横滚方向与遥控器摇杆控制方向相反。

现在,试着把对尾悬停的无人机调整为对头悬停吧!在对尾悬停状态下,移动遥控器的摇杆至无人机旋转 90° 后悬停,随后再旋转 90° 后悬停,无人机就变成了对头悬停(图 5-12)。

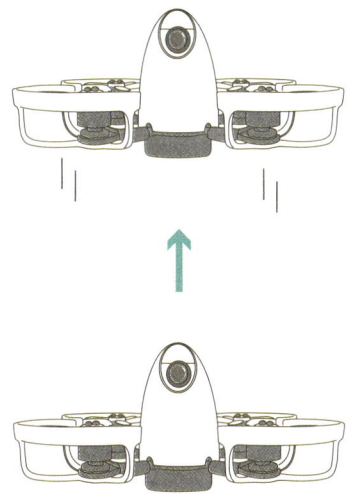
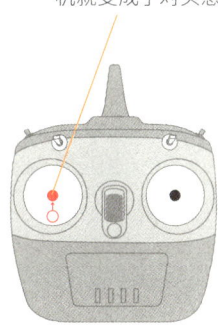

在对尾悬停状态下移动遥控器摇杆至无人机旋转 90° 后悬停,随后再旋转 90° 后悬停,左侧无人机就变成了对头悬停

图 5-12

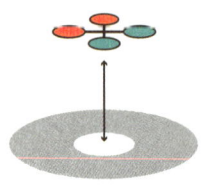

静止悬停练习

机头向前，放置在前方 3~5 米处，飞机起飞后，保持 1.5 米左右的高度，控制好油门与飞机姿态，刚开始可以在约 5 米直径的圆圈内练习静止悬停，当熟练度提高则收缩圆圈。最终在直径为 1 米的圆圈内静止悬停 2 分钟方为合格。

转向

练习对头悬停就得把无人机转向，所以要把方向舵摇杆向左或向右移动以改变无人机的方向。试着在 LOS 状态下通过对头悬停练习来熟悉无人机的航向旋转：无人机先向前直线飞行，在要掉头的地方一边慢慢减速一边向左或向右移动无人机的方向舵，使无人机旋转 180°，然后向上推动升降舵摇杆使无人机回到自己出发的地方（图 5-13）。

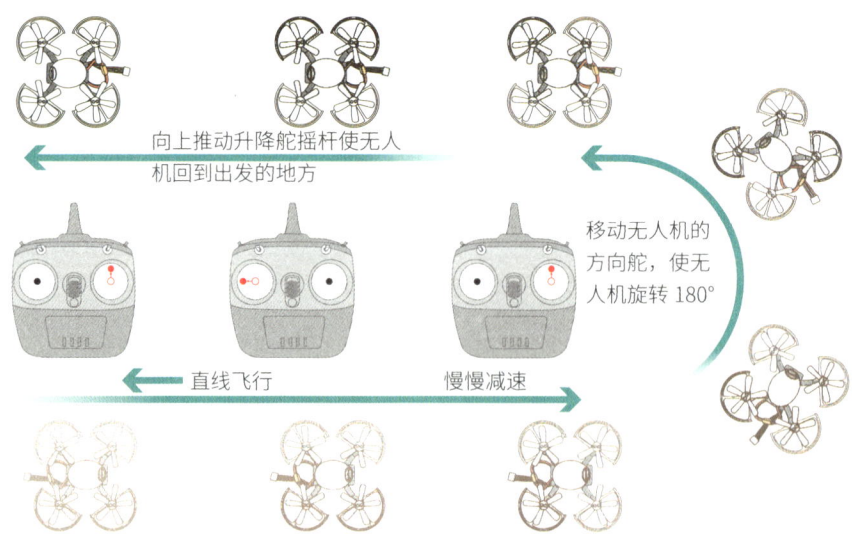

图 5-13

第五章　放飞无人机

水平移动

在掌握了对尾悬停和对头悬停的飞行方法后，我们只要推动升降舵摇杆就能控制无人机的前进与后退了。在前进和后退的飞行中，为了保持飞行高度不变，我们需要操纵油门摇杆；为了保持无人机不往侧边倾斜，要用副翼摇杆保持平衡（图5-14）。各摇杆的配合对于初学者来说比较复杂，所以要想成为一流的无人机飞行员就需要很多的时间进行练习。

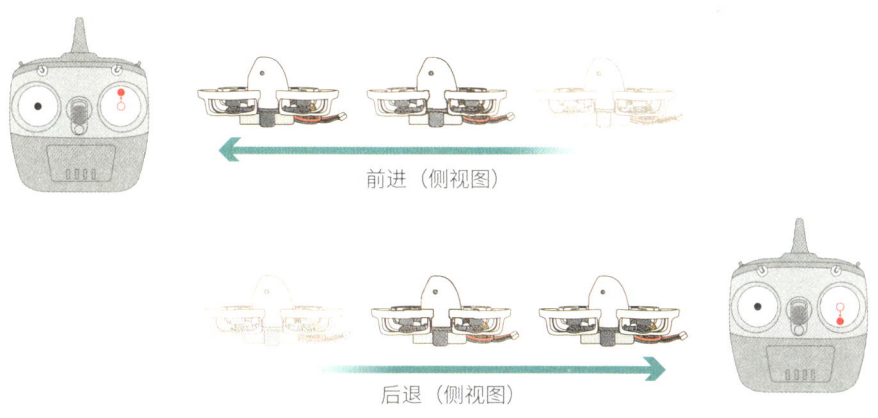

图 5-14

水平移动练习

飞机起飞后，机头永远对着前方，左手控制油门使飞机保持统一的水平高度，右手向前推杆使飞机向前飞行约10米距离，然后右手再向后拉杆让飞机后退到原点悬停。右手左打摇杆让飞机向左移动飞行约10米距离，然后退回原点悬停。右手向右打杆让飞机向右移动飞行约10米距离，再退回原点降落完毕。这个科目有三个动作，分别为向前、向左、向右，在统一的水平高度完成整套动作三次则合格，中途不能触地。

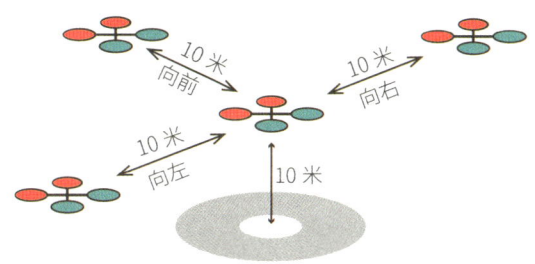

四位悬停

与静止悬停的训练方式一样，随着熟练度的提高圆圈直径变小，但是机头不仅仅对向前方，而是对向四个方位，分别是前、后、左、右。机头的方向不一样则遥控器打杆的方向不一样。这个科目非常重要，训练飞手的四维空间能力。

- 机头向前，往前飞就是右手往前推杆。如果机头对着自己，让飞机往前飞则需要右手摇杆往后打。
- 机头对着左边，让飞机往前飞摇杆则向右打。

水平航线

当四位悬停可以熟练操作后，就可以展开水平航线的训练了，这个科目又包含了四个科目。简单来说是让飞机飞出一个正方形，飞机向哪个方向机头就要对着哪个方向。这可以算是综合训练。

水平航向练习

飞机起飞后静止悬停，机头向右水平旋转，飞机向右移动约 5 米静止悬停；机头向左水平旋转，向前飞行约 5 米静止悬停，机头向左水平旋转，再向机头前方飞行约 10 米距离静止悬停；机头向左水平旋转，再向机头前方飞行约 5 米距离静止悬停，机头向左水平旋转，向机头前方飞行约 5 米距离（飞手面前）降落，完成。向左水平航线熟练后，则开始训练向右水平航线，操作方法一样。

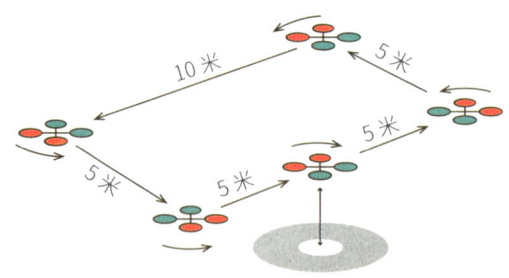

第五章　放飞无人机

画圆飞行

一边前进飞行一边把遥控器的方向舵摇杆向右移动，无人机就会按顺时针方向前进。保持这个状态做 360° 旋转就可以完成顺时针画圆飞行（图 5-15）。方向舵摇杆向左移动做 360° 旋转就完成逆时针画圆飞行。无人机速度越快，画的圆就越大，这是因为边画圆边维持前进方向会产生离心力。

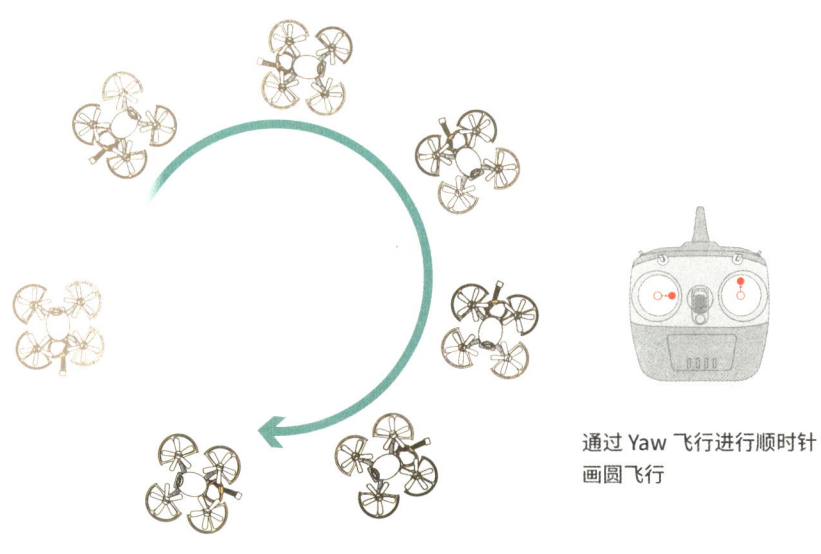

通过 Yaw 飞行进行顺时针画圆飞行

图 5-15

利用航向旋转把升力转变为飞向圆心的力，只要保持这个力大于离心力就能够快速画出小圆。但是，把升力用在别的地方会使升力变小，导致无人机的飞行高度变低，如果不提高油门会造成坠机。这种和航向旋转一起进行的旋转飞行叫作倾斜转弯（Banked Turn）。

要想只通过 Yaw 旋转进行画圆飞行非常困难，这时要摆动遥控器的 Aileron Stick，不让无人机画圆时推出去

> **8 字环绕**

熟悉了画圆飞行后,就可挑战一下边调整高度边画圆飞行。直到能够流畅地操控无人机一边飞行一边保持在自己想要的高度,下一步就可以试试 8 字飞行了(图 5-16)。如果可以完成向右画 8 字和向左画 8 字,说明已经掌握了 LOS 飞行法的所有基础。现在是时候挑战 FPV 飞行了!

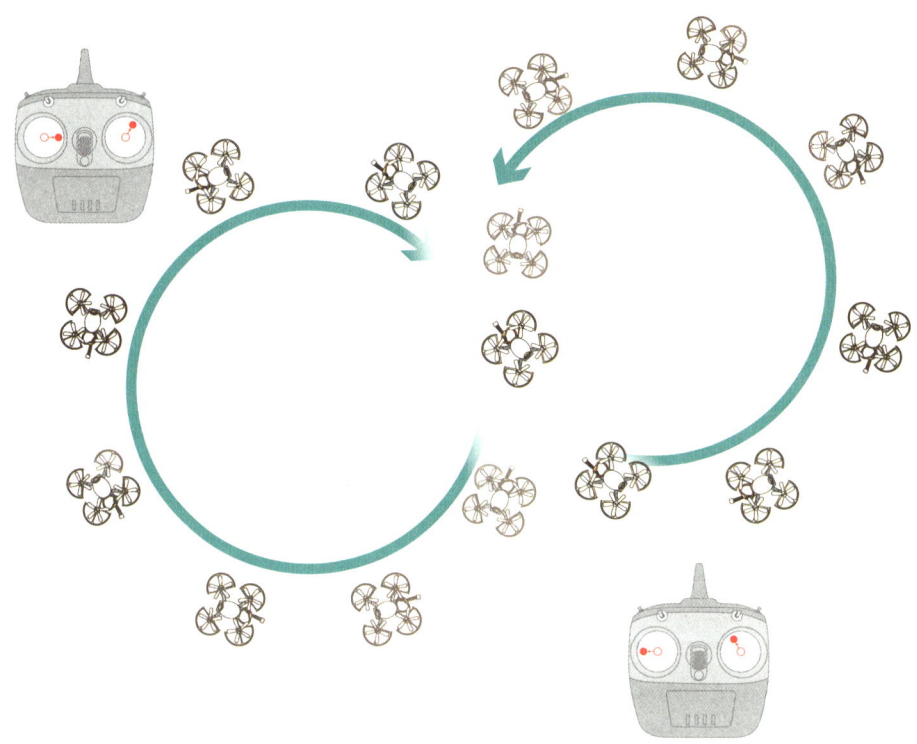

图 5-16

8 字环绕练习

此科目为 LOS 飞行部分的精进科目，掌握后飞手可以在第一人称随心所欲地飞行，即 FPV 飞行，甚至可以参加所有四轴第三人称飞行（LOS 飞行）的比赛。在前方空地处放置两个障碍物，可以是竖着的刀旗，也可以是板凳等，两个障碍物间距 10 米。飞机起飞后围着两个障碍物环绕"8"字飞行。机头与水平航线一样，永远对向前方。飞机飞行高度统一，向左与向右环绕各 2 圈为合格。

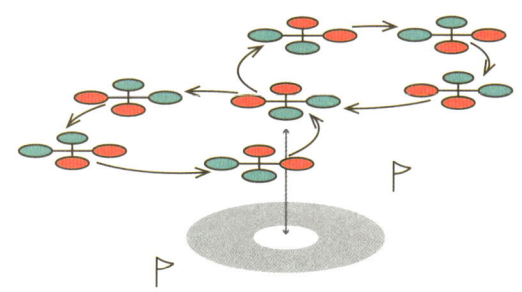

（二）FPV 飞行训练法

已经熟练掌握了无人机的基本飞行技巧，接下来我们一起学习 FPV 飞行。FPV 飞行就像自己坐在驾驶舱驾驶无人机，熟悉了 LOS 飞行的各种动作后，就不需要特别为 FPV 飞行学习技术动作了。

虽然不需要技术的训练，但是其他方面的训练却是必不可少的。LOS 飞行中，你可以看到无人机在哪里、在多高的空中以什么姿势飞行，但是在 FPV 飞行中，你得通过视频画面判断无人机的飞行姿态和飞行高度。

小贴士

由第三人称（LOS 飞行）向第一人称（FPV 飞行）转变，无论是专注航模多年的高手，还是入门新手，都不是一件简单的事，最大的障碍在于油门的掌握（无定高）。因为在第三人称时，时时刻刻都在盯着飞机，而且有非常多的参照物，很容易判断飞机的高低从而从容地加减油门，但是在第一人称时，由于参照物消失，非常难把握无人机飞行的高低，造成油门把握不准，反映在飞行上就是上蹿下跳。

所以新手在进行 FPV 飞行时，首先练习的就是找参照物控制油门。无人机在高速飞行中更容易把握油门，悬停时油门最难把握。新手第一视角飞的时候很容易造成前进速度过快，速度由快向慢的转变就是进步的体现。

上升和下降

飞手操控无人机飞行时只要向上移动遥控器的油门摇杆，无人机就会稳定向上升起。但是如果受刮风或其他因素影响，重心有偏离，无人机有可能会向侧面升空。LOS 飞行可以及时看出这种动作并纠正，但是 FPV 画面需要通过看到的风景远近才能了解到无人机在向什么方向移动，为了找准平衡点需要利用前面学到的基本悬停方法（图 5-17）。

遥控器的油门摇杆差不多到中间位置，无人机会停止上升并保持原来的高度。一边仔细观察四周的风景，一边操纵升降舵摇杆和副翼摇杆，使无人机保持不动。

下降就是把油门摇杆缓慢向下移动，如果快速地把摇杆向下移动则会使无人机直接砸在地上，造成损坏。降落时无人机应该像落叶掉到地上一样轻柔，所以一定要保持慢速下降。

画面向右偏移就得把油门摇杆向左移动
风景向左偏移就得把油门摇杆向右移动，使无人机找到平衡

图 5-17

有一种模式可以急速向下，移动油门摇杆无人机的姿态也不会发生变化，这个模式叫做 Air Mode，可以在 Cleanflight 或 Betaflight 中开启这个功能（图 5-18）。但是要小心，如果使用这个功能，在 Arming 期间就会使螺旋桨旋转，这时想用手抓住无人机则会使无人机为了找到平衡而左右摇晃。

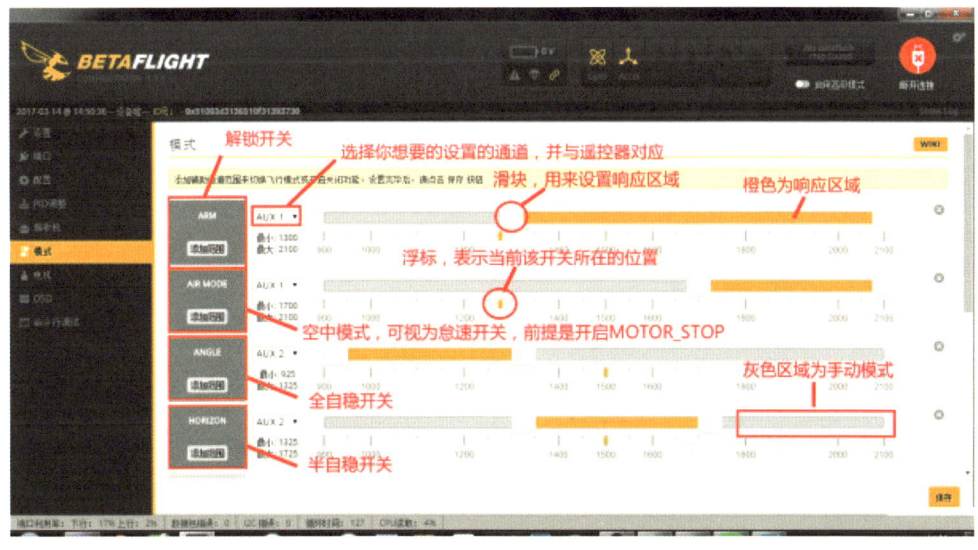

图 5-18

前进和后退

无人机依靠前倾使升力转为前进的动力从而实现向前飞行。此时原本向前的相机也由于无人机倾斜的角度而朝向地面，所以需要仔细观察眼前的事物变化以判断无人机此时前进的速度及上升的高度（图 5-19）。

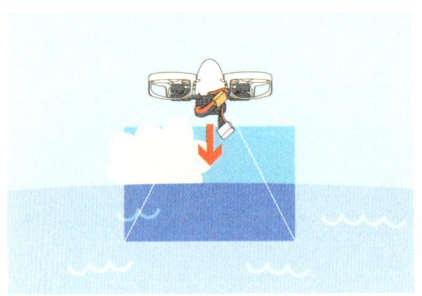

FPV 画面俯瞰地面无人机前进

图 5-19

大家已经了解 FPV 无人机前进和后退的原理，那当 FPV 画面显示的是天空时，无人机是否还是前进的呢（图 5-20）？

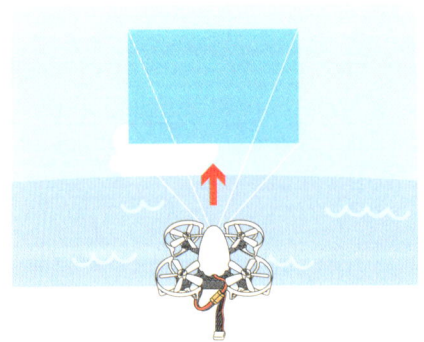

FPV 画面仰望天空表示无人机正在后退

图 5-20

由于无人机向前飞行时，机身会向前倾斜，搭载的摄像头也会随之向前倾斜，所以我们一般会调高摄像头，以确保无人机飞行过程中FPV视角能够面向正前方（图5-21）。无人机速度越快，摄像头向上倾斜得越高，但是前进的速度越快升力会越小，因此，为了防止无人机坠落应该将油门摇杆向上多推进一些。

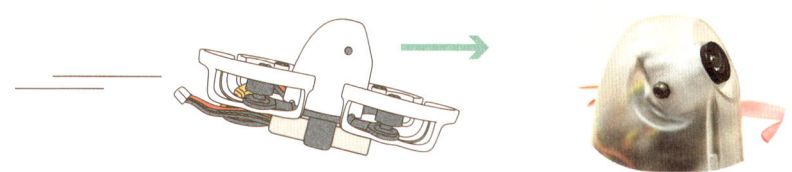

由于无人机主要用来比赛，因此大部分是前进较多，所以将摄像头稍微上调会使前进飞行变得顺畅

图 5-21

转弯

无人机在做U形转弯动作时，由于向前的惯性，会造成无人机向旁边转弯的同时还保持前进的方向，所以在观看FPV画面时会发现景物会先向后退一下然后突然转向旁边（图5-22）。

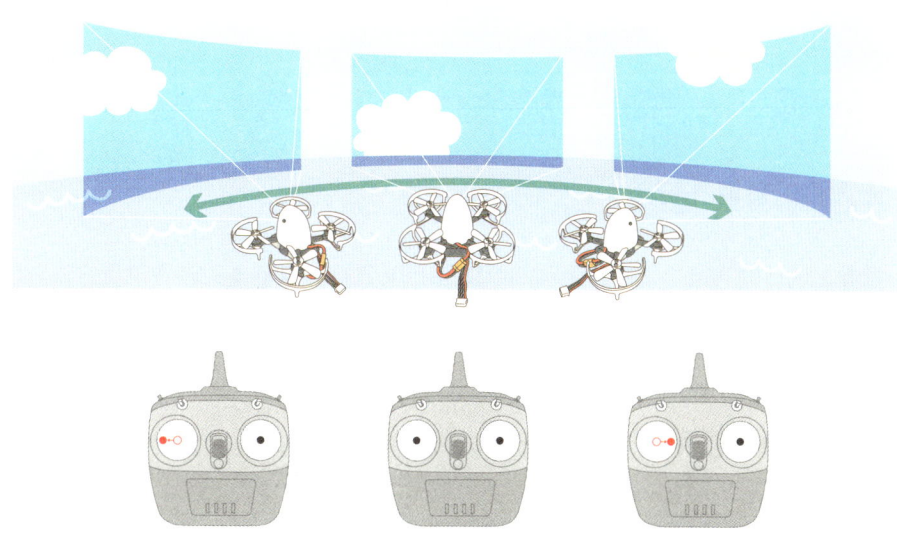

图 5-22

在转弯的同时将遥控器的升降摇杆向前推进就能向目标方向飞行（图 5-23）。但是想实现快速敏捷的转弯需要掌握克服离心力的方法。

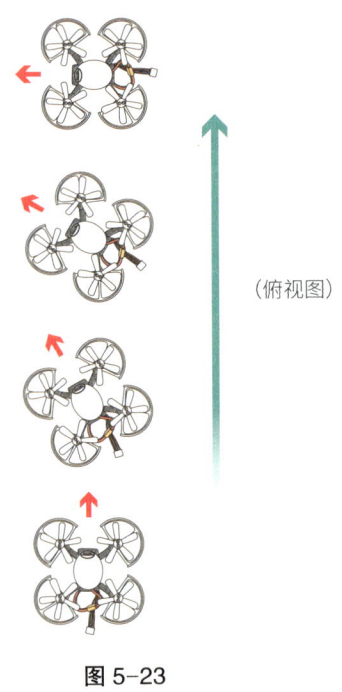

（俯视图）

图 5-23

无人机的转弯飞行法

世界上成熟的飞行方法中，画圆飞行法是 FPV 飞行中最基本的转弯飞行方法。使用遥控器上的摇杆，利用无人机上升时的升力惯性保持无人机不向中心倾斜的旋转转弯方法叫做倾斜转弯（Banked Turn）。

在做倾斜转弯时，由于向上的升力与向内倾斜时产生的离心力相互抵消，因此升力会相应减弱，若电机的动力不足，偶尔会出现无人机向地面下坠的情况，所以在进行倾斜转弯时要注意无人机的飞行高度，并时刻调整油门摇杆。

第五章 放飞无人机

想要让无人机倾斜转弯飞行，需要操纵方向摇杆来控制。但频繁操纵主摇杆可能会影响使用升降摇杆，应该先操纵主摇杆，让无人机大幅度倾斜后，再将升降摇杆往下拉，无人机的头部可能会由于上升的力量发生旋转，最好的倾斜转弯是没有固定的飞行方法的（图5-24）。所以尝试寻找一个可以快速做出倾斜转弯的飞行方法吧！

图 5-24

(三) FPV 无人机竞技的赛场

通过无人机比赛可以了解自身 FPV 飞行技术的熟练程度。下面让我们了解一下赛场都有哪些障碍物和赛道吧！

FPV 无人机的赛场和一般无人机大赛的赛场一样，大体分为直线、弯道、框架和障碍物。赛场有指引飞行路线的标识，比赛时只要跟着指引标识飞行即可，比赛的基本规则就是比谁的速度快。

直线赛道

直线赛道，指的是赛道的飞行标识在一条直线上。快速通过直线赛道，除了操控技术，无人机的性能也非常重要。参加无人机竞赛的大部分无人机性能相差不多，但微小操控引起的速度差将会决定先后次序，所以提升 FPV 无人机操控技术最为关键。

如果直线赛道对接下一个赛道,在赛道末端要提前减速以便改变方向,故预判哪里提速、哪里减速极为重要。为了获得胜利,急转弯技术和胆量必不可少。

弯道

在无人机竞技中弯道以旗帜(Air Flag,高 4.5~6 米)来表示,一般有 90°弯或绕旗杆的 180°弯。直线赛道上机体性能好也许可以获得领先,但在弯道上操控技术更为重要。

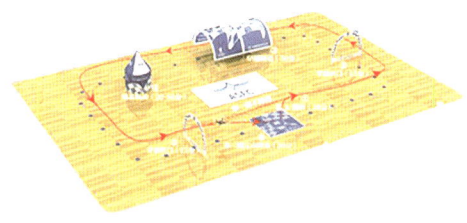

前面学习的倾斜转弯是快速通过弯道的重要技术之一。倾斜转弯需要很大的动力,但一不小心过高或过低就会导致很难进入下一个赛道,所以需要非常细腻的操控技术。

门

拱形障碍物(空中门,Air Gate,一般宽 3 米,高 2.5 米,通常无人机比赛使用更小的)又叫框形障碍物。框架一般设在直线赛道的中间,为了顺利通过框形障碍物,需要熟练掌握控制无人机飞行高度的本领。FPV 无人机的视角有着远处的物体在视线中很小、近处的物体在视线中很大的特点。比赛中,无人机的速度很快,远处看似一个小点的框架瞬间就会变得很大,所以操控者反应要快,同时需要提前预判并抢占航线。

一般框架贴在地面，在飞行时需要降低无人机飞行高度通过障碍物，有时也会设置高空框架。速度越快通过障碍物越难，一旦顺利通过障碍物，你会体验到强烈的满足感。

Slalom 赛道（高山滑雪赛道）

高山滑雪赛道是按次序依次通过旗杆的赛道，倾斜转弯技术在这个赛道上的作用非常明显。

做一做：在家里制作无人机赛道

无人机竞技

　　无人机可以选择在室内场馆比赛，也可以在室外空旷的场地比赛。比赛一般参照国际航联（FAI）F9U 级别规则。

2018年世界无人机锦标赛中国队选拔赛是由国家体育总局航空无线电模型运动管理中心、中国航空运动协会、张家口市人民政府主办，北京中斗科技股份有限公司、张家口市万龙运动旅游有限公司承办，崇礼区人民政府、张家口市体育局、深圳创世泰克科技有限公司协办的国家级无人机赛事，通过为期三天的比赛，遴选出首支代表中国参加无人机世锦赛的国家队队伍。

2018年世界无人机锦标赛中国队选拔赛竞赛规则参照F3U（RC多轴飞行器FPV比赛）级竞赛规则。这一竞赛规则适用于世界无人机锦标赛各项赛事。

遥控电动绕标竞速（F9U）竞赛规程

参赛人员

（1）参赛人员应为中华人民共和国公民，不分性别、年龄，未满18岁人员须有监护人陪同。
（2）每位选手都应持有中国航空运动协会个人会员证（可于现场办理）。
（3）选手均应办理不低于10万元的个人意外伤害保险（可于现场办理）。

竞赛方式

多旋翼飞行器第一人称视角竞速赛，所有参赛选手均须配戴FPV视频设备以观看飞行器上摄像头之画面，通过无线电遥控器操控多旋翼飞行器穿越规定路线之障碍赛道，以进行竞速比赛。

第五章 放飞无人机

- 赛事采用第一人称视角飞行，所有选手依规定必须通过指定障碍物，若未通过则取消该轮成绩。

- 竞赛时程依据赛事方公告进行，主办方保有更改赛事进行细节之权益（资格赛轮次、淘汰赛进行方式）。

- 每轮赛事进行前，飞行器都必须进行规格检录，未进行检录者或检录不合格者不得参与该轮比赛。

- 每位选手上场时至多能携带一名助手，帮助放置飞行器或故障排除，并于赛事进行中帮助选手判断当时情况。

- 飞行完指定圈数后必须立刻降落于指定降落区，否则将加时该轮比赛成绩。

- 所有选手对于自身的飞行器应负完全的安全责任。

- 赛手于每日报到后应将飞行器缴交给赛事主办方进行保管和检录，后会在飞行器上贴识别物，凭选手证领取，每人至多缴交 3 部飞行器，当日赛后将统一归还所有保管之设备。

- 每一轮次间将开放维修飞行器，非开放时间禁止将飞行器擅自通电，违规者取消资格。

- 若现场出现任何争议，则以总裁判长最终判决为准。

- 本次赛事依据 FAI 规章要求，最终依排名共选出 14 名一般飞手、3 名青少年飞手、3 名女性飞手共 20 人进入深圳世锦赛培训队以筛选最终队员，若后两项未达预定人数则由一般飞手补足。

参赛设备规定

机身重量
- 重量为包括飞行器本体、电池、螺旋桨叶、赛事额外规定加装之设备,所有东西之和不得超过 1000g。

机身大小
- 长度不得大于 280mm 且不得小于 180mm(测量方式为对角线两个电机之直线测量距离)。
- 形状不限 (正 X、Stretch、长 X、扁 H)。
- 机身需能固定高清摄像头或数字图传于顶部。

镜头
- 需使用 PAL 制式之镜头,并且带有 OSD 功能,赛时能够将参赛者英文名或称号映像在图传画面上,以方便转播识别,所有赛手依规定都必须设定带有名字的 OSD 画面,于第一天报到检录时一并检查。

电动机
- 需使用无刷电动机,尺寸和 KV 值不限。
- 电机安装最大倾角为 15°(测量方式为锁桨平面和飞控所在平面之角度),并且在竞速过程中不得改变电机角度。
- 电动机数量至少为 3 颗。

电池
- 所有飞行器均须使用锂电池,且电池节数不能超过 4 节。
- 电池总电压不得超过 16.9V,单节电压不得超过 4.25V。
- 电池总重量不得超过 230g(包含平衡头、电线)。
- 电池接头必须能够快速插拔,并且带有 4S 平衡头以方便赛事方进行电压检查。
- 现场充电设备有限,请赛手自行准备当天足够之电池使用,赛事方不保证供应插头和充电设备。

第五章 放飞无人机

飞行控制板
- 允许使用各种飞控装置（CF、BF、RF、KISS 等）。
- 飞行器仅允许使用手动操控，不得有任何气压计、GPS 等辅助操控设备。
- 不允许使用飞控的炸机救援模式。

螺旋桨
- 不得使用金属材质的螺旋桨。
- 桨叶不得大于 6 寸。

无线电遥控设备
- 无线电遥控设备频率及发射功率必须在中华人民共和国许可的频段范围内，可以采用各种 2.4Ghz 扩展频谱技术无线电遥控设备，若频段符合法律要求，参赛选手亦可使用 868Mhz/915Mhz 之其他遥控设备，若使用此类设备赛前须获得主办单位批准。
- 所有遥控设备上必须设定有 Failsafe 模式之保护（当飞行器失去讯号时需要短时间内停止动力输出），若不符合此规定一律取消资格。

5.8Ghz 图传系统
- 赛事统一使用 TBS Unify-Pro 图传，赛手须自行准备符合规定的设备，或是于赛事现场购买 / 租赁，若使用不符合规定之设备，主办方有权取消其参赛资格。
- 功率一律设定为 25mw，赛前会先行统一检录，并使用 Raceband 1, 3, 6, 8 频点。
- 现场将配有外置接收器 (3.5mm 音讯线接头输出)，供飞手和裁判使用同一讯号源观看屏幕，以维持赛事公正性，若是使用自己的接收器造成图传画面受到干扰，赛事方概不负责，以裁判接收器屏幕为主。
- 使用之图传天线以右旋为主，若非使用合格之天线造成画面受影响，赛事方概不负责。
- 为确保收讯画面的稳定性，禁止使用棒状天线。

机身 LED 照明装置
- 比赛期间为了向大众提供航模最佳识别度并协助裁判完成判决工作,各航模应配备能改变颜色之 LED 照明装置,配置之 LED 灯应在各个角度都能识别。
- 每台参赛飞行器均须配置至少 36 颗 LED 灯。
- LED 灯颜色必须能够快速调节,于检录时一并检验。
- 指定之颜色:蓝色、绿色、红色、黄色。
- 将根据抽签分组之顺序决定使用之颜色,且颜色应能自由调节。
- 如有需要,参赛者可向赛事组织者购买或租赁 LED 灯。
- 飞行器 LED 灯安装,应于四支机臂上下两面各装设 4 颗 LED 灯(共 32 颗),并于机身本体安装 4 颗 LED 灯。

高清摄像头或数字图传
- 进入淘汰赛时每位选手之飞行器应安装类似于 GoPro 摄像头之设备(影片分辨率至少为 1080p),并依裁判组规定安装记忆卡,于当轮赛后缴交。
- 摄像头角度应与机身镜头角度一致。
- 必须安装于机身上方。
- 必须能确保固定牢固,于赛事进行中不得中断运作,若非撞击而掉落则取消当轮成绩。

赛前检录规定

·所有参赛飞行器须于每轮竞赛开始时，于赛前检录区进行设备检录，不符合规定者于时限内无法改善将直接取消当轮竞赛资格。

·检录完成后进入比赛准备区之设备不允许随便更换，违规者将直接取消当轮资格。

·检录之飞行器应符合赛事组规定，若于该轮比赛前仍未能更换符合规定之设备，将取消该轮资格。

·报到时应一并提交设备规格，以便赛事方确认是否符合比赛规定。包括机架、电机、飞控、桨叶、FPV 摄像头、图传、图传天线、电池、预估整机重量。

·裁判组有权力在任何时刻重新对任一飞手之设备进行复查，如发现违规状态者，将依规定进行相应之惩罚。

·非检录时间和申请维修时间，一概不得擅自拿取保管处之个人的飞行器。

总结与思考

第一部分讲解了无人机的基本飞行技术：上下、俯仰、横滚、航向，每个飞行动作都有不同的方向和力度掌控，多加训练有利于熟练飞行。

第二部分学习了无人机的基本操作、目视飞行训练方法和 FPV 训练方法，介绍了 FPV 无人机竞技赛道。

第三部分介绍了国际航联（FAI）F9U 级别无人机比赛规则及一些注意事项。

第六章

无人机考级

中国航空运动协会在 2018 年 12 月颁布了《遥控航空模型飞行员技术等级准实施办法》，其中明确提出了考级的标准，接下来我们就来看一看具体内容吧。

一、考核和培训单位的资质

由中国航空运动协会审核认定各省、自治区、直辖市（省级）分管航空模型且具备相关技术等级考核条件的协会（以下简称认定单位）负责承担本地区的遥控航空模型飞行员技术等级考核和委任技术代表的管理，并负责对培训单位的安全知识和飞行技能的培训实行资格准入管理，加强业务指导和监督检查工作。

二、飞行员执照考核组织与实施

（一）遥控航空模型飞行员技术等级的少年级、初级、中级的考核工作，由中国航空运动协会认定单位组织实施；高级和特级的考核工作，由中国航空运动协会组织实施或授权由中国航空运动协会批准的认定单位组织实施。

（二）考核的组织实施

1. 须聘请具备相应级别或高于相应级别的委任技术代表担任考核工作。

2. 所有类别和级别的飞行考核时，允许有一名助手进场，但不能参与操纵模型。考核飞行时间（包括起飞和着陆）：少年级、初级为 5 分钟，中级为 6 分钟，高级以上为 10 分钟。各类比赛进行考核的与比赛时间相同。

三、考核报名

初学者、未成年人、不能熟练掌握遥控模型航空器飞行技能的自学者，应该参加由中国航空运动协会及中国航空运动协会遥控模型航空器飞行员技术等级考核认定单位审核准入的训练单位进行技术操作培训，也可由掌握模型航空器飞行技术的教练和持有航空模型飞行员执照的成年人指导飞行。

对于已具备技术等级考核条件的申请人，也可以通过参加中国航空运动协会组织或批准的各类航空模型赛事来完成考核。

四、执照发放及管理

（一）技术等级考核合格，颁发相应级别的遥控航空模型飞行员执照。该执照在全国范围有效。

（二）少年级、初级执照由认定单位直接签发并进行备案管理。少年级、初级执照持有人不可进行公开表演，不能参加具有商业性的活动；中级、高级和特级执照由中国航空运动协会经协会官方网站公示后授权签发并进行备案管理。少年级执照持有人应在成年人陪同下规范飞行。

（三）认定单位将协同中国航空运动协会对执照实行统一管理审验。各认定单位负责对高级（含）以下执照每二年审验登记一次。中国航空运动协会负责对特级执照每四年审验一次，未经审验及不合格者不予通过。持照人应在执照审验到期前 90 日内申请审验。

中国航空运动协会
遥控航空模型飞行员技术等级标准

多旋翼飞行器（X 类）技术等级飞行考核动作要求

一、X 类少年级

起飞 / 着陆

动作描述：

模型机头向前从场地中央柔和起飞至目视高度飞行 10~20 秒后，模型柔和下降着陆于场地中央 3 平方米范围内。

动作要求：

模型整个飞行过程必须在 10 米 ×10 米范围内飞行，并要求独自完成起飞和着陆动作。

扣分：

a. 飞行时间少于 10 秒。
b. 飞行过程模型整体移出 10 米 ×10 米范围。
c. 模型着陆粗暴或未落在 3 米 ×3 米范围。
d. 模型着陆在 10 米 ×10 米范围外为零分。

动作图：

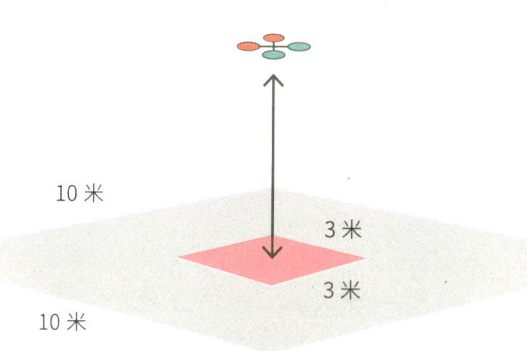

二、X 类初级

1. 起飞 / 悬停

动作描述：
　　模型机头向前于起降区起飞，垂直匀速上升至 2 米高度悬停不少于 4 秒，模型垂直匀速下降着陆于起降区。

扣分：
　　a. 模型在 2 米高度悬停不足 4 秒。
　　b. 模型悬停过程中出现位移或高度变化。
　　c. 模型着陆粗暴或未落在起降区内。

动作图：

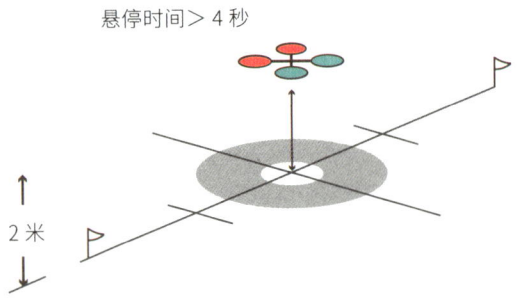

2. 四位悬停

动作描述：
　　模型机头向前于起降区起飞，垂直匀速上升至 2 米高度悬停 2 秒，机体向任意方向依次做 4 个 90°缓慢自转并在每个 90°位置悬停 2 秒以上；模型垂直匀速下降着陆于起降区。

扣分：
　　a. 模型每位悬停不足 2 秒。
　　b. 自转不是 90°。
　　c. 模型悬停、自转过程中出现位移和高度变化。
　　d. 模型着陆粗暴或未落在起降区内。

动作图：

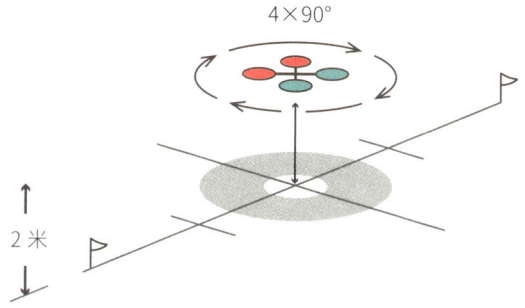

3. 水平移位

动作描述：
　　模型机头向前于起降区起飞，垂直匀速上升至 2 米高度悬停 2 秒，模型向左或右做水平匀速移动至 1 号（或 2 号）旗上空悬停至少 2 秒，接着做反向水平匀速移动至 2 号（或 1 号）旗上空悬停至少 2 秒，再做反向水平匀速移动至起降区上空悬停至少 2 秒，模型垂直匀速下降着陆于起降区。

扣分：
　　a. 模型在 2 米高度悬停不足 2 秒。
　　b. 模型悬停或位移过程中出现方位和高度变化。
　　c. 模型着陆粗暴或未落在起降区内。

动作图：

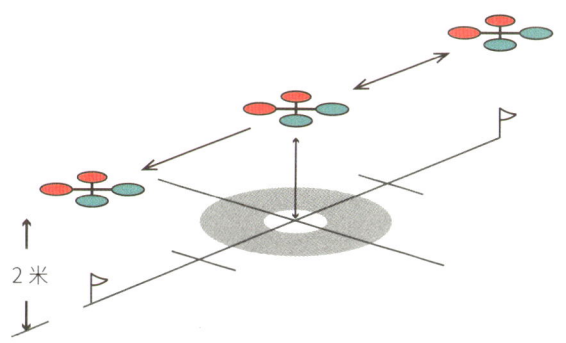

三、X 类中级

1. 矩形

动作描述：

模型从起降区垂直起飞至 2 米高度悬停至少 2 秒，模型后退飞行同步完成任意方向自转 180°，至 1 号（或 2 号）旗上方悬停至少 2 秒，模型垂直上升飞行至 7 米高度悬停 2 秒，模型后退飞行至 2 号（或 1 号）旗上方 7 米高度悬停至少 2 秒，模型垂直下降飞行至 2 米高度悬停至少 2 秒。模型前进飞行同步完成任意方向自转 180°，至起降区上方悬停至少 2 秒，垂直下降并着陆在起降区。

扣分：

    a. 模型在悬停点位悬停不足 2 秒。
    b. 模型悬停、自转、行进过程中出现位移或高度、方向变化。
    c. 模型着陆粗暴或未落在起降区内。

动作图：

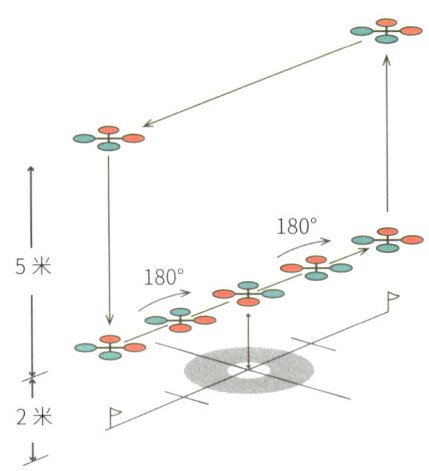

2. 垂直三角形带自转

动作描述：

模型从起降区垂直匀速起飞至 2 米高度悬停 2 秒，模型水平后退飞行至 1 号（或 2 号）旗上空悬停 2 秒，模型做任意方向 180°自转悬停 2 秒，模型沿 45°线后退上升至起降区上空 7 米高度悬停 2 秒，模型做任意方向 360°自转悬停 2 秒。模型沿 45°线后退下降至 2 号（或

1号）旗上空 2 米高度悬停 2 秒，模型做任意方向 180°自转悬停 2 秒，模型水平后退飞行至起降区上空悬停 2 秒，模型垂直匀速下降着陆于起降区。

扣分：
    a. 模型在悬停点位悬停不足 2 秒。
    b. 模型悬停、自转、行进过程中出现位移或高度、方向变化。
    c. 模型着陆粗暴或未落在起降区内。

动作图：

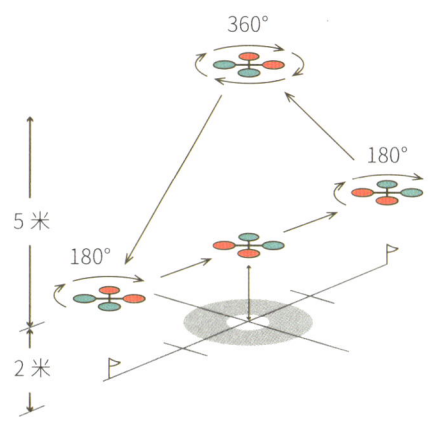

3. 双向水平 8 字
动作描述：
    模型从起降区垂直匀速起飞至 2 米高度悬停 2 秒，模型以半径 5 米圆轨迹做机头向内（或向外）水平圆周飞行回到起降区上空，紧接着以半径 5 米圆轨迹做机头向外（或向内）水平圆周飞行回到起降区上空悬停 2 秒，模型垂直匀速下降着陆于起降区。

扣分：
    a. 模型在悬停点位悬停不足 2 秒。
    b. 模型悬停、自转、行进过程中出现位移或高度变化。
    c. 两个水平圆的半径不等。
    d. 两个水平圆的切点不在场地中线。
    e. 机身纵轴指向与圆周转角不同步。
    f. 模型着陆粗暴或未落在起降区内。

动作图：

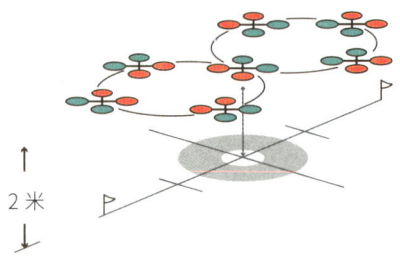

2米

4. 起降航线

动作描述：

模型从起降区垂直匀速起飞至 2 米高度悬停 2 秒，模型沿 45°线上升前进飞行至不小于 15 米的高度，进入水平直线飞行不少于 10 米，紧接着模型以不小于 2 米的半径进入向左（或向右）180°转弯后沿当前高度和航向完成不少于 50 米的水平直线飞行，紧接着模型以不小于 2 米的半径进入向右（或向左）的水平 180°转弯后沿当前高度和航向完成不少于 10 米的水平直线飞行，模型沿 45°线下降飞行至起降区上空 2 米高度悬停 2 秒，模型垂直匀速下降着陆于起降区。

扣分：

a. 模型在悬停点位悬停不足 2 秒。
b. 模型悬停、自转、行进过程中出现位移或高度变化。
c. 模型上升或下降不是 45°。
d. 模型着陆粗暴或未落在起降区内。

动作图：

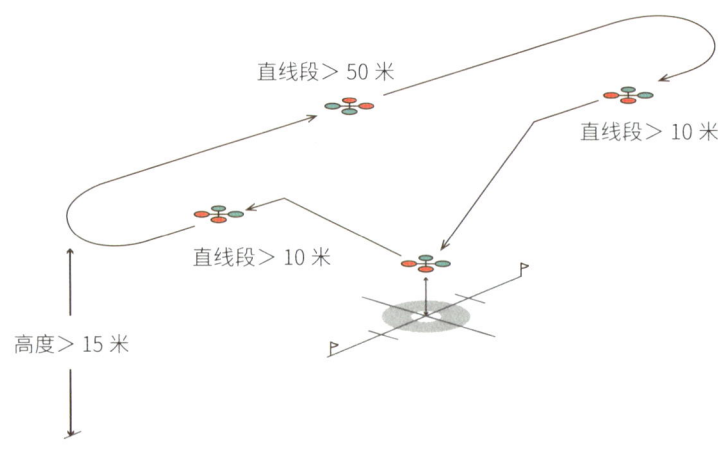

四、X 类高级

1. 垂直横 8 字带反向自转
动作描述：
　　模型从起降区垂直匀速起飞至 4.5 米高度悬停 2 秒，模型沿 8 字轨迹飞行的同时机体同步自转，8 字第一个圆自转一周，第二个圆反向自转一周，自转的反向点位于两个圆的切点位置，在起降区上空 4.5 米的位置结束 8 字飞行，悬停 2 秒，模型垂直匀速下降着陆于起降区。

扣分：
　　a. 模型在悬停点位悬停不足 2 秒。
　　b. 模型悬停、自转、行进过程中出现位移或高度变化。
　　c. 8 字的两个圆半径不等、不圆。
　　d. 模型着陆粗暴或未落在起降区内。

动作图：

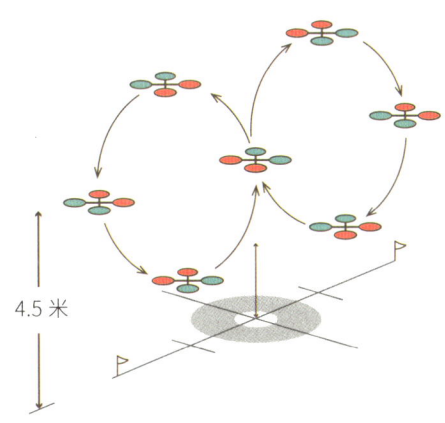

2. 机头向内盘旋上升
动作描述：
　　模型从起降区垂直匀速起飞至 2 米高度悬停 2 秒，模型以半径 2.5 米圆做一周机头向内飞行的同时上升至 7 米高度悬停 2 秒，模型垂直匀速下降着陆于起降区。水平圆的每个 90°位置，机头应指向圆心，机体高度的上升应均匀、同步。

扣分：
　　a. 模型在悬停点位悬停不足 2 秒。

b. 模型悬停、自转、行进过程中出现位移或高度变化。
c. 机头指向与圆周转角不同步。
d. 上升速度不均匀。
e. 模型着陆粗暴或未落在起降区内。

动作图：

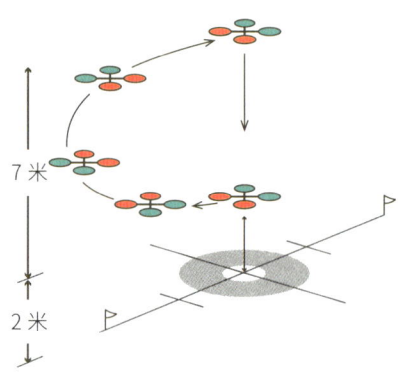

3. 酒杯
动作描述：

  模型从起降区垂直起飞同时做 180°旋转至 2 米高度悬停至少 2 秒，以 1/4 个半径 5 米圆为轨迹飞行同时做任意方向 180°旋转停止于 1 号（或 2 号）旗上方 7 米高度悬停至少 2 秒，后退水平飞行同时做两个相反方向的 180°旋转至 2 号（或 1 号）旗上方悬停至少 2 秒，（两个反向旋转的变化点应位于中心线位置）以 1/4 个半径 5 米圆为轨迹飞行同时做任意方向 180°旋转停止起降区上方 2 米高度悬停至少 2 秒，模型垂直下降并做任意方向 180°旋转着陆在起降区。

动作图：

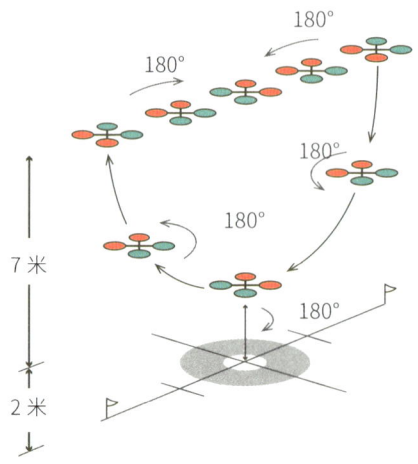

4. 平移 4 位飞行

动作描述：

　　模型在操纵手正前方以不低于 5 米的高度水平直线飞行 10 米以上进入动作，模型在水平直线飞行过程中依次完成 4 个任意方向机头指向的停顿，每个停顿之间机头自转 90°，完成后模型水平直线飞行不少于 10 米结束动作。4 个停顿过程中，机体重心的移动轨迹应保持水平直线。

扣分：

　　a. 模型自转、行进过程中出现位移或高度变化。

　　b. 停顿点位不清晰。

　　c. 停顿点位角度不准确。

动作图：

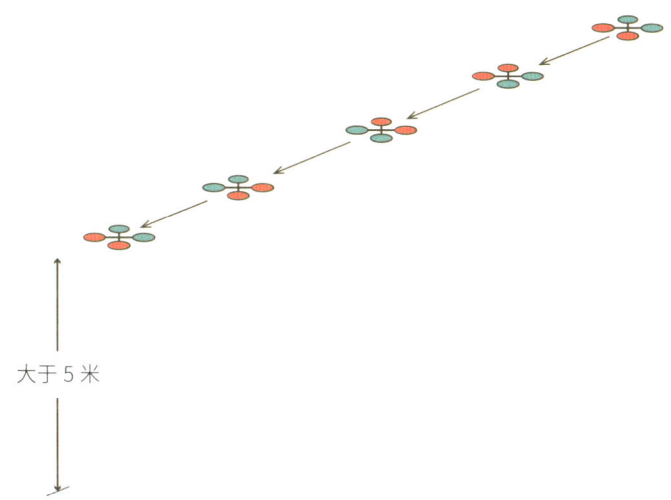

大于 5 米

5. 急停着陆

动作描述：

　　模型在操纵手正前方不低于 5 米的高度水平直线飞行中急停于起降区上空，模型垂直匀速下降着陆于起降区。

扣分：

　　a. 模型行进过程中出现位移或高度变化。

　　b. 急停点偏离起降区上空。

　　c. 模型着陆粗暴或未落在起降区内。

动作图：

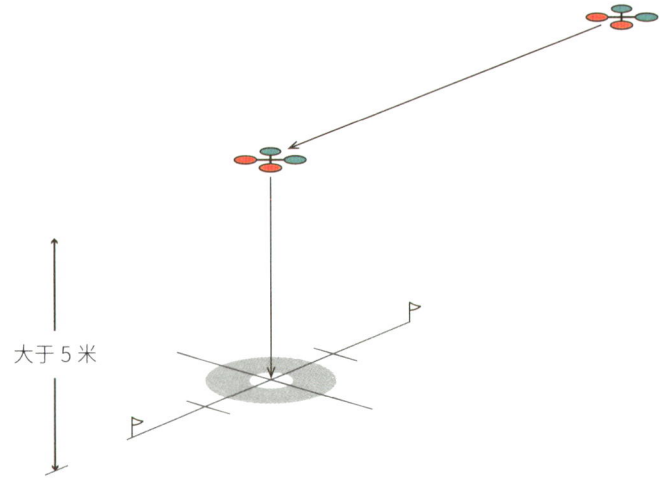

6. 限距绕标飞行

动作描述：

模型在 3 米高度以下由场地任意一侧按机头向前进入，从第一标志旗右侧进入，经过第二个标志旗左侧依次绕过所有标杆。在最后一个标志旗折返方向并依次绕行回到起点位置。标志旗的高度为 0.5 米，间隔距离为 2.5 米。起降区中心视为一个标志旗。飞行中操纵手应处在操纵区并不得跟随模型。

扣分：

a. 模型飞行高度大于 3 米。

b. 模型在飞行中碰撞标志旗。

c. 模型没有依次绕行标志旗，评为 0 分。

动作图：

X 类高级动作图：

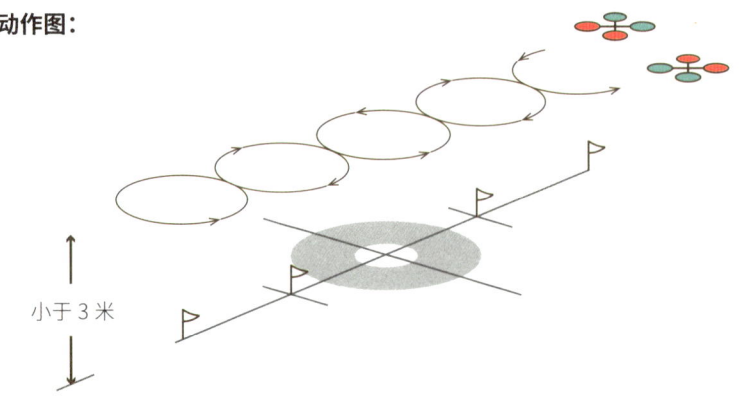

C/X 类评分指南（适用于各级别）

1. 所有动作在进入前均须由操纵手或助手报告动作的名称和开始、结束，否则不予评分。所有的扣分都是基于开始和结束口令之间飞行所展现出来的瑕疵而判定的。

2. 模型悬停或位移过程中出现方位高度变化，每 0.5 米的变化一次减 1 分，每超过 1 米的变化减 2 分，移动速率的变化每出现一次减 1 分。

3. 动作图形不准确或部分缺失减 1~3 分。

4. 模型未从起降区垂直起飞减 1 分。

5. 模型着陆粗暴减 1~2 分。

6. 在完美完成动作要求的前提下，模型降落在 1 米圆圈内最高得 10 分；3 米圆圈内最高得 7 分；3 米圆圈外最高得 5 分；在 10 平方米范围外为零分。

7. 模型上空飞行的动作进入和改出必须有明显的直线段展示，如果缺失明显的直线段则每出现一次减 1 分。

8. 模型飞行的所有动作图形展示均须居于操纵手正前方场地中心（除非特殊说明），出现整体偏移减 1~2 分。

FPV 第一视角飞行类（F 类）技术等级飞行考核动作要求

F 类初级（X 类）

起飞 / 着陆

动作描述：

模型于起飞点起飞至不少于 10 米以上高度。模型水平飞行不少于 50 米直线段并完成 180°水平转弯。模型再次水平飞行不少于 50 米直线段并完成 180°水平转弯。模型调整航线着陆于起飞点附近（起飞点为圆心半径 30 米范围）。

扣分：

a. 模型空中飞行没有完成两条明显的直线段展示。
b. 180°水平转弯角度偏差过大。
c. 模型未着陆于起飞点附近。
d. 未全程使用 FPV 的方式飞行。

动作图：

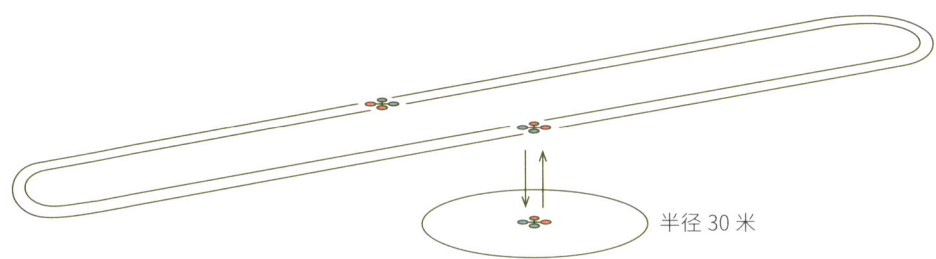

遥控航空模型飞行员理论考核大纲

一、遥控航空模型基本知识、飞行安全常识（适用于少年级申请者）

二、航空模型基础知识 -1（适用于初级申请者）

1. 航空模型基本概念
2. 航空模型运动的意义
3. 遥控航空模型飞行安全常识

三、航空模型基础知识 -2（适用于中级申请者）

1. 航空模型运动发展简史
2. 航空模型简要空气动力原理及结构与工艺知识
3. 通用模型用遥控设备常识
4. 遥控模型飞行安全常识

四、航空模型基础知识 -3（适用于高级、特级申请者）

1. 航空模型空气动力学原理
2. 通用模型用遥控设备的使用与维护
3. 模型用电动机、内燃机及涡喷发动机工作原理
4. 遥控航空模型飞行航线及动作的评判标准
5. 遥控航空模型飞行安全规定

注：特技飞行动作的详细规范要求请参阅中国航空运动协会每年公布的《全国航空航天模型锦标赛竞赛规则》的有关章节。

本标准解释权属中国航空运动协会。

第七章
法律法规及安全

一、无人机相关法律法规

二、无人机飞行的注意事项

一、无人机相关法律法规

民用无人驾驶航空器实名制登记管理规定

为加强民用无人驾驶航空器的管理,民航局于 2017 年 5 月 16 日制定了《民用无人驾驶航空器实名制登记管理规定》。这项管理规定适用于在中华人民共和国境内最大起飞重量为 250 克以上(含 250 克)的民用无人机。

无人机飞行需要遵循严格的登记要求:

2017 年 8 月 31 日后,民用无人机拥有者,如果未按照本管理规定实施实名登记和粘贴登记标志的,其行为将被视为违反法规的非法行为,其无人机的使用将受影响,监管主管部门将按照相关规定进行处罚。

满足登记要求后相应的无人机审核机关、无人机制造商、无人机持有者本人都应严格履行登记职责。

中国民用航空局航空器适航审定司
(1)制定民用无人机实名登记政策;
(2)管理"中国民用航空局民用无人机实名登记信息系统"(以下简称"无人机实名登记系统")。

民用无人机制造商
(1)在"无人机实名登记系统"中填报其产品的名称、型号、最大起飞重量、空机重量、产品类型、无人机购买者姓名和移动电话等信息;
(2)在产品外包装明显位置和产品说明书中,提醒拥有者在"无人机实名登记系统"中进行实名登记,警示不实名登记擅自飞行的危害;
(3)随产品提供不干胶打印纸,供拥有者打印"无人机登记标志"。

民用无人机拥有者
(1)依据本管理规定 3.2 的要求,在"无人机实名登记系统"进行实名登记;
(2)依据本管理规定 3.4 的要求,在其拥有的无人机上粘贴登记标志;
(3)当发生本管理规定 3.5 所述情况,在"无人机实名登记系统"上更新无人机的信息。

民用无人机实名登记要求
实名登记的流程

实名登记的信息内容
民用无人机的登记标志
民用无人机的标识要求
登记信息的定期更新

轻小无人机运行规定

为实现低、慢、小无人机放管结合的细化分类管理，以进一步维护轻小型无人机的飞行秩序，确保运行安全，民航局于 2015 年 12 月 29 日制定了《轻小无人机运行规定》。

这项规定中明确了轻型无人机的适用范围，包括：
（1）空机重量小于等于 116 千克、起飞全重不大于 150 千克的无人机，校正空速不超过 100 千米每小时；
（2）起飞全重不超过 5700 千克，距受药面高度不超过 15 米的植保类无人机；
（3）充气体积在 4600 立方米以下的无人飞艇。

适用范围明确后，对民用无人机驾驶员资格也有相应的要求：
民用无人机驾驶员应当根据其所驾驶的民用无人机的等级分类，符合咨询通告《民用无人驾驶航空器系统驾驶员管理暂行规定》（AC-61-FS-2013-20）中关于执照、合格证、等级、训练、考试、检查和航空经历等方面的要求，并依据本咨询通告运行。

对民用无人机运行的仪表、设备和标识的要求：
（1）具有有效的空地 C2 链路；
（2）地面站或操控设备具有显示无人机实时的位置、高度、速度等信息的仪器仪表；
（3）用于记录、回放和分析飞行过程的飞行数据记录系统，且数据信息至少保存三个月；
（4）对于接入无人机云系统的用户，应当符合无人机云的接口规范；
（5）对于未接入无人机云系统的用户，其无人机机身需有明确的标识，注明该无人机的型号、编号、所有者、联系方式等信息，以便出现坠机情况时能迅速查找到无人机所有者或操作者信息。

用于农林植保的轻小型无人机居多，接下来是对植保无人机运行的要求：
植保无人机作业飞行是指无人机进行下述飞行：
（1）喷洒农药；
（2）喷洒用于作物养料、土壤处理、作物生命繁殖或虫害控制的任何其他物质；

（3）从事直接影响农业、园艺或森林保护的喷洒任务，但不包括撒播活的昆虫。

对无人飞艇运行的要求：
（1）禁止云中飞行。在云下运行时，与云的垂直距离不得少于 120 米。
（2）当无人飞艇附近存在人群时，须在人群以外 30 米运行。当人群抵近时，飞艇与周边非操作人员的水平间隔不得小于 10 米，垂直间隔不得小于 10 米。
（3）除经局方批准，不得使用可燃性气体，如氢气。

民用无人机驾驶员管理规定

为进一步规范无人机驾驶员执照管理，民航局于 2016 年 7 月 11 日制定了《民用无人机驾驶员管理规定》。根据飞行技能与经历要求，申请人必须至少在下列操作上接受并记录了培训机构提供的针对所申请无人机系统等级的实际操纵飞行或模拟飞行训练。

对于机长
（1）空域申请与空管通讯，不少于 4 小时；
（2）航线规划，不少于 4 小时；
（3）系统检查程序，不少于 4 小时；
（4）正常飞行程序指挥，不少于 20 小时；
（5）应急飞行程序指挥，包括规避航空器、发动机故障、链路丢失、应急回收、迫降等，不少于 20 小时；
（6）任务执行指挥，不少于 4 小时。

对于驾驶员
（1）飞行前检查，不少于 4 小时；
（2）正常飞行程序操作，不少于 20 小时；
（3）应急飞行程序操作，包括发动机故障、链路丢失、应急回收、迫降等，不少于 20 小时。

飞行技能考试
（1）考试员应由局方认可的人员担任；
（2）用于考核的无人机系统由执照申请人提供；
（3）考试中除对上述训练内容进行操作考核，还应对下列内容进行充分口试：
A．所使用的无人机系统特性；
B．所使用的无人机系统正常操作程序；
C．所使用的无人机系统应急操作程序。

无人驾驶航空器飞行管理暂行条例

这项条例对无人机的各项分类、无人机飞行员、无人机可飞行空域、飞行运行及相关法律责任作出了明确的规定。

无人机的分类

无人机分为国家无人机和民用无人机。民用无人机，指用于民用航空活动的无人机；国家无人机，指用于民用航空活动之外的无人机，包括用于执行军事、海关、警察等飞行任务的无人机。

根据运行风险大小，民用无人机分为微型、轻型、小型、中型、大型。

微型无人机，是指空机重量小于 0.25 千克，飞行真高不超过 50 米、最大飞行速度不超过 40 千米 / 小时的无人机；轻型无人机，是指同时满足空机重量不超过 4 千克，最大起飞重量不超过 7 千克，最大飞行速度不超过 100 千米 / 小时的无人机；小型无人机，是指空机重量不超过 15 千克或者最大起飞重量不超过 25 千克的无人机，但不包括微型、轻型无人机；中型无人机，是指最大起飞重量超过 25 千克不超过 150 千克，且空机重量超过 15 千克的无人机；大型无人机，是指最大起飞重量超过 150 千克的无人机。

无人机驾驶飞行员

年龄要求：

轻型无人机驾驶员应当年满 14 周岁，未满 14 周岁应当有成年人现场监护；小型无人机驾驶员应当年满 16 周岁；中型、大型无人机驾驶员应当年满 18 周岁。

民用无人机驾驶员培训包括安全操作培训和行业培训：

安全操作培训包括理论培训和操作培训，理论培训包含航空法律法规和相关理论知识，操作培训包含基本操作和应急操作。安全操作培训管理由国务院民用航空主管部门负责；行业主管部门对民用无人机行业应用有特殊要求的，可实施行业培训，行业培训包括任务特点、任务要求和特殊操控等培训。

飞行空域

微型无人机未经批准，禁止在以下空域飞行：
（一）真高 50 米以上空域；
（二）空中禁区及周边 2000 米范围；
（三）空中危险区及周边 1000 米范围；
（四）机场、临时起降点围界内及周边 2000 米范围的上方；
（五）国界线、边境线到我方一侧 2000 米范围的上方；
（六）军事禁区及周边 500 米范围的上方，军事管理区、设区的市级（含）以上党政机关、监管场所及周边 100 米范围的上方；
（七）射电天文台及周边 3000 米范围的上方，卫星地面站（含测控、测距、接收、导航站）等需要电磁环境特殊保护的设施及周边 1000 米范围的上方，气象雷达站及周边 500 米范围的上方；
（八）生产、储存易燃易爆危险品的大型企业和储备可燃重要物资的大型仓库、基地及周边 100 米范围的上方，发电厂、变电站、加油站和大型车站、码头、港口、大型活动现场及周边 50 米范围的上方，高速铁路及两侧 100 米范围的上方，普通铁路和省级以上公路及两侧 50 米范围的上方；
（九）军航超低空飞行空域。
　　上述微型无人机禁止飞行空域由省级人民政府会同战区确定具体范围，由设区的市级人民政府设置警示标志或者公开相应范围。警示标志设计，由国务院民用航空主管部门负责。

轻型无人机管控空域：
（一）真高 120 米以上空域；
（二）空中禁区及周边 5000 米范围；
（三）空中危险区及周边 2000 米范围；
（四）军用机场净空保护区，民用机场障碍物限制面水平投影范围的上方；
（五）有人驾驶航空器临时起降点及周边 2000 米范围的上方；
（六）国界线到我方一侧 5000 米范围的上方，边境线到我方一侧 2000 米范围的上方；
（七）军事禁区及周边 1000 米范围的上方，军事管理区、设区的市级（含）以上党政机关、核电站、监管场所及周边 200 米范围的上方；
（八）射电天文台及周边 5000 米范围的上方，卫星地面站（含测控、测距、接收、导航站）等需要电磁环境特殊保护的。

第七章　法律法规及安全

飞行运行

国家建立具备监视和必要管控功能的无人机综合监管平台，民用无人机飞行动态信息与公安机关共享。国务院公安部门建立民用无人机公共安全监管系统。

从事无人机飞行活动的单位或者个人实施飞行前，应当向当地飞行管制部门提出飞行计划申请，经批准后方可实施。

微型无人机在禁止飞行空域外飞行，无须申请飞行计划。轻型、植保无人机在相应适飞空域飞行，无需申请飞行计划，但需向综合监管平台实时报送动态信息。

轻型无人机在适飞空域上方不超过飞行安全高度飞行，小型无人机在轻型无人机适飞空域及上方不超过飞行安全高度的飞行，且同时满足下列条件的，无人机之间、无人机与有人驾驶航空器之间的飞行间隔不高于现行飞行间隔规定：

（一）能够按要求自动向综合监管平台报送信息，包括位置、高度、速度、身份标识；
（二）遥控站（台）与无人机、飞行管制部门保持持续稳定的双向通信联络；
（三）航线保持精度上下各 50 米、左右各 1000 米以内；
（四）能够自动按照预先设定的飞行航线和高度自主返航或者备降。

轻型无人机在适飞空域上方不超过飞行安全高度飞行，小型无人机在轻型无人机适飞空域及上方不超过飞行安全高度的飞行，不能同时满足上述条件的，无人机之间、无人机与有人驾驶航空器之间的飞行间隔不小于现行飞行间隔规定。

法律责任

对未按照适航管理规定设计、生产、销售、使用民用无人机的，由民用航空管理机构责令停止相关活动，处以 10 万元以上 100 万元以下罚款，如有违法所得，没收违法所得，并处违法生产产品货值金额 1 倍以上 5 倍以下的罚款；情节严重的，由相关部门吊销营业执照。

二、无人机飞行的注意事项

(一) 无人机在天空飞行的注意事项

天空中虽然没有高速公路,但是不同的空域早已划分出了不同的航道。比如说高空只供飞机或直升机使用,低空中可以放飞气球或风筝。想让无人机在天空中飞行,必须先了解天空中飞行的注意事项。

1. 自己组装的无人机也需要飞行许可吗?

想在天空中放飞无人机,必须得到行业协会及相关管理部门的许可,目前国家对无人机运行管理出台了一系列法律法规:

· 为规范无人驾驶航空器飞行及相关活动,保障飞行管理工作顺利高效开展,国家空中交通管制委员会制定了《无人驾驶航空器飞行管理暂行条例》。

· 为进一步规范无人机驾驶员执照管理,民航局制定了《民用无人机驾驶员管理规定》。

· 为加强民用无人驾驶航空器的管理,民航局制定了《民用无人驾驶航空器实名制登记管理规定》。

· 为实现低、慢、小无人机放管结合的细化分类管理,以进一步维护轻小型无人机的飞行秩序,确保运行安全,民航局制定了《轻小无人机运行规定(试行)》。

第七章　法律法规及安全

2. 可不可以随时飞行？

太阳下山后，光线比较昏暗，即使依靠 FPV 装置也看不清前面的情况，所以无人机最好在白天飞行。

3. 可不可以在恶劣天气飞行？

最好不要在雾天、沙尘暴等能见度低的天气或者雨天飞行，无人机在这时就像闭着眼睛飞行一样，十分危险。

4. 无人机能飞多高？

适合无人机飞行的高度在 120 米以内，这个高度已经相当于 50 层楼那么高，再高一点就是飞机和直升机飞行的领域。飞得越高，风就越大，无人机的体积小而轻，有可能没飞多高就被刮跑了，所以不要飞得太高。

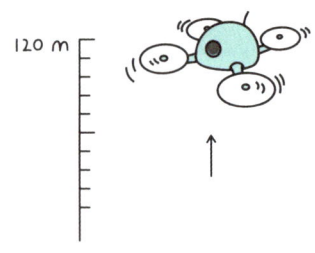

5. 无人机能飞多远？

不同的无人机飞行距离是不同的，操控技术的高低也会影响飞行距离，如果飞得太远，无人机可能无法收到操控者发出的信号而坠机。

(二) FPV 飞行注意事项

当你有了一定的飞行经验，会很想试一试飞 FPV 无人机，但是飞 FPV 无人机可不像飞玩具无人机那样简单。让我们一起了解一下飞行前必须知道的注意事项。

1. 飞行前必须确认无人机的 FPV 通道与眼镜匹配完好

无人机和眼镜的通道必须相同，否则会看不到画面，也就不能进行飞行。

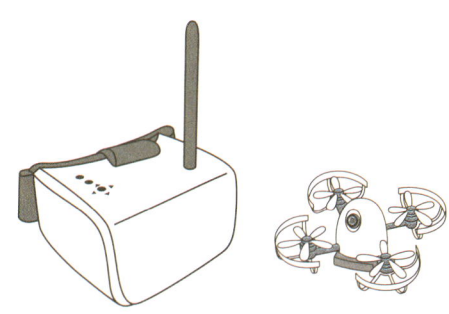

2. 要是有人正在进行无人机竞速赛，最好不要启动自己的无人机

如果有人已经在进行 FPV 无人机竞赛了，那么你千万不要启动自己的 FPV 无人机。因为在你打开无人机电源的瞬间，你的 FPV 无人机的图传信号很可能会干扰到正在比赛的无人机，使它的操纵者的图传接收画面发生雪花点或黑屏等情况，造成无人机失控等问题。

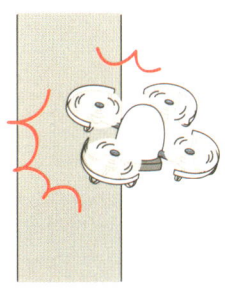

3. 提前观察无人机要飞行的方向

无人机飞行时，操控者应提前观察无人机是否飞向人或动物，因为无人机可能会因为各种原因突然"炸机"，失控撞向人或者动物，造成损伤。

4. 飞行中一旦发现异常，应该立即降落

受到控制的降落叫作着陆，不受控制的降落叫作坠落。如果 FPV 无人机出现异常动作或者发出异常声音信号，必须立即着陆。

5. 一旦发生无法避免冲撞的情况，应及时关闭 FPV 无人机

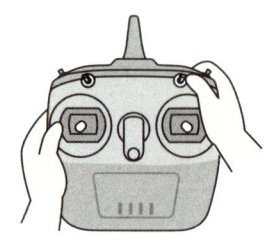

无人机在"炸机"之前应做出紧急躲避的操作动作，如果发生"炸机"，我们应该及时关闭开关使无人机停止运行，避免因为螺旋桨的持续旋转使无人机造成更大的损坏。

6. 无人机飞行时不要用手触碰

飞控在无人机飞行时为了维持平稳而不断地在计算，如果用手去碰无人机，会使飞控搞不清楚原因而命令无人机急剧转向，极速旋转的螺旋桨非常锋利，会对人造成严重伤害，所以必须注意。

7. 寻找降落在远处的无人机时不要触碰遥控器手柄

单独放置的遥控器可能会倾斜，从而触碰到摇杆，遥控器也有可能因为晃动而使摇杆移动。去远处寻找着陆的无人机时为了安全应该先关闭解锁（Arming）开关，然后用手指按住操纵手柄摇杆使它固定住。

寄语

虽然飞行只是人类探知这个世界的一种手段，但飞行却赋予了人类无限的遐想！请用心去感受飞行带给您的知识和乐趣！

李丹
航空模型项目国家级裁判
航空模型项目国家级运动健将
ASFC 遥控模型飞行员考核高级委任技术代表

愿 FPV 成为科技的摇篮、飞手的舞台、爱好者的爽飞游戏、观众的视觉盛宴！

沙海泓
2017 MMC.CDL 无人机竞赛第一名
2017 全国空中狂欢节无人机竞赛第一名
2017X-FLY 上海创客嘉年华穿越机竞赛第一名
2017 中国无人机公开赛深圳站第一名

小的时候我们同有一个飞行梦，把它实现吧，就现在！

李坤煌
中国无人机竞速国家队队员
2016、2017 中国无人机竞速公开赛冠军
2018 中国无人机竞速中国选拔赛冠军

少年朋友们，梦想总是要有的，万一实现了呢？无人机竞速是一项充满魔力的高科技体育运动，能带给你无限的想象与激情。但是，实现梦想的过程是无比艰辛的，训练是枯燥而又孤独的。如果你能战胜自己，就成功了一半！

祝愿所有的追风少年都能梦想成真！

胡乾惕
共青团员
航空模型国家一级运动员
2018FAI世界无人机锦标赛青少年组亚军
浙江省最美中学生

同学们：航空模型是一项高科技体育运动，在训练的过程中，无形中培养了悟性和动手能力。同时，航模也是一项户外运动，既开阔了心胸又锻炼了身体素质。对于中学生来说，平衡好学业与特长尤为重要，希望大家学会安排时间，学业与特长并重，实现自己的人生梦想。

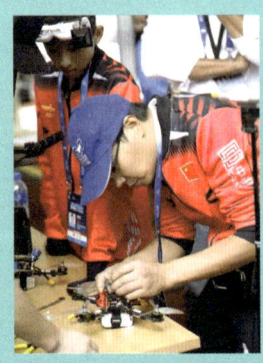

胡叶民（胡乾惕父亲）
中国共产党员
航空模型国家一级裁判员
高校自动化专业教师

站在父亲的角度，我希望女儿通过学习无人机竞速飞行，学习到更多的知识，拓宽她的视野；站在教练员的角度，我希望使命感、责任感、荣誉感能让她更高、更快、更强。

梁绍洪
广州陆海空模型运动协会教练员

遥控飞行是我课余最大的兴趣和爱好，固定翼、三角翼、滑翔机、无人机竞速我都喜欢。我觉得无人机竞速所带来的第一人称飞行感受和速度感是最刺激的！希望能有更多的青少年朋友加入到无人机竞速的行列，一起体会快乐的飞行！

梁傲琳
第 18 届"飞向北京—飞向太空"航空航天模型教育竞赛总决赛"空中战士Ⅱ"线操纵模型小学女子组铜牌
第 19 届"飞向北京—飞向太空"航空航天模型教育竞赛总决赛"遥控纸飞机穿龙门"项目小学女子组金牌
2018 年全国青少年航空航天模型锦标赛 P3U-P 项目个人第七名
2018 年首届世界无人机锦标赛女子组个人第七名、团体第六名，世界排名第 85 位

全国青少年无人机创新教育竞赛活动以"体教融合"发展战略为指引，以无人机创新项目为载体，鼓励青少年通过研究学习、创意设计、动手制作和体育竞技等方式，增长知识，陶冶情操，强健体魄，提高青少年创新意识、竞争意识、团队合作意识及动手动脑能力和组织协调能力，激发青少年爱祖国、爱科学、爱航空、爱运动的情怀，树立"航空强国、科技强国"的远大理想，为国家培养全面发展的后备人才。

主办单位：国家体育总局航管中心　中国航空运动协会
技术支持单位：北京中斗科技股份有限公司

六大竞赛项目

- 无人机航空科普知识竞赛
- 无人机竞速赛
- 无人机足球赛
- 无人机自主飞行编程赛
- 无人机任务赛
- 无人机创意设计赛